柑橘

绿色生产与产业化经营

◎ 翁水珍　黄　玉　喻　惟　主编

中国农业科学技术出版社

图书在版编目（CIP）数据

柑橘绿色生产与产业化经营 / 翁水珍，黄玉，喻惟主编. —北京：中国农业科学技术出版社，2019. 8

ISBN 978-7-5116-4364-3

Ⅰ. ①柑… Ⅱ. ①翁…②黄…③喻… Ⅲ. ①柑桔类-果树园艺②柑桔类-果园管理 Ⅳ. ①S666

中国版本图书馆 CIP 数据核字（2019）第 185688 号

责任编辑 白姗姗
责任校对 马广洋

出 版 者 中国农业科学技术出版社
北京市中关村南大街 12 号 邮编：100081
电 话 (010)82106638(编辑室) (010)82109702(发行部)
(010)82109709(读者服务部)
传 真 (010)82106650
网 址 http://www.castp.cn
经 销 者 各地新华书店
印 刷 者 北京建宏印刷有限公司
开 本 850mm×1 168mm 1/32
印 张 6
字 数 162 千字
版 次 2019 年 8 月第 1 版 2019 年 8 月第 1 次印刷
定 价 32.80 元

《柑橘绿色生产与产业化经营》

编　委　会

主　编：翁水珍　黄　玉　喻　惟

编　委：彭明宇　吴素妹　刘烨珏
　　　　汪飞燕　刘国群

前　言

柑橘是世界第一大类水果。我国柑橘栽培历史悠久，品种丰富，为世界柑橘产业发展做出了卓越贡献。近年来我国柑橘产业发展迅猛，无论是在科研，还是在生产领域都取得了重大成就，但是在发展过程中也出现了柑橘质量停滞不前、预防与控制病虫害能力较差、机械化程度不高、品牌意识不强等问题，这些问题制约着柑橘产业的进一步发展，同时也制约着我国柑橘走出国门，走向世界。

随着全国柑橘优势区域发展规划的进一步实施，柑橘产业发展向优势区集中，并呈现出柑橘品种良种化、建园标准化、种植规模化、产销一体化和服务社会化的特点。为了适应柑橘现代化生产经营的发展需要，培养柑橘现代化生产管理人才，加强柑橘生产技术培训和现代产业化经营知识普及，成为我国柑橘产业中重要而紧迫的任务。

以此为背景，我们组织了具有丰富的柑橘教学经验和柑橘生产管理经验的培训教师、专家共同编写了本书。内容包括：概述、柑橘无病毒育苗技术、柑橘建园技术、柑橘土肥水管理、柑橘枝叶花果管理、柑橘病虫害绿色防控、柑橘采收及采后处理、柑橘产业化经营、柑橘绿色生产与产业化经营典型案例。本书以理论与生产实践相结合，全面系统地阐述了柑橘生产的新技术、新成就，是一部集知识性、专业性、技术性于一体的实用性参考书。

由于编写时间仓促，水平有限，书中可能存在不足之处，欢迎广大读者批评指正！

编　者

2019年6月

目　录

第一章 概 述

第一节 柑橘绿色生产的优良品种

柑橘在植物学上的分类比较复杂，为了便于区分和栽培管理，在生产上通常将柑橘栽培品种分为宽皮柑橘、橙、杂柑、柚、柠檬、金柑等几类。下面依次对这几类中的优良品种进行简单介绍。

一、宽皮柑橘

宽皮柑橘，果如其名，果皮相当的宽松，内果皮极易分离。代表品种有温州蜜柑、椪柑、本地早、砂糖橘、南丰蜜橘等。

1. 温州蜜柑

温州蜜柑又名温州蜜橘、无核橘，是我国栽培范围最广、规模最大的柑橘。原产我国浙江省温州，500多年前引入日本，经实生变异培育出多种品系。20世纪初，我国又从日本引回种植推广，并且发展较快。

按温州蜜柑的成熟期，可分为特早熟温州蜜柑、早熟温州蜜柑、中熟温州蜜柑及晚熟温州蜜柑品系。特早熟温州蜜柑的主要品种有日南1号、大浦、大分、桥本、胁山、宫本、市文、宣恩早、早津、山川、稻叶、德森和隆园早等。早熟温州蜜柑的主要品种有兴津、宫川、龟井、国庆1号、立间、鄂柑2号和松山等。中熟及晚熟温州蜜柑的主要品种有尾张、南柑20号、涟红、山田温州、青岛温州和寿太郎温州等。

（1）日南1号。特早熟温州蜜柑，是从兴津早熟温州蜜柑芽变中选育出的新品种。树势稍开张，在一般温州蜜柑中属于中庸的树势，但是在极早熟温州蜜柑中则属于较强的树势。果实在开始结果的一两年为高圆形，3年后呈扁圆形，平均单果重110克。果皮橙黄色，较光滑，易剥皮。果肉橙红色，囊壁薄而化渣，汁多，味甜，可溶性固形物含量10%~11%，9月中旬果皮开始着色，10月中旬完全着色，比兴津要早20天，比宫本早7天，在高温条件下着色良好。日南1号树势较强，大小年不明显，丰产性较好。果实成熟早、产量较高、品质优良、经济效益好，是发展前景较好的特早熟柑橘优良品种之一（图1-1）。

图1-1　日南1号品种

（2）大浦。大浦系特早熟温州蜜柑，由日本佐贺县太良町从山崎早熟温州蜜柑的枝变中优选出来。树势在特早熟温州蜜柑中属于较强的。果实扁圆、较大，单果重150克左右。果皮薄，光滑，果色橙黄。果肉细嫩，无核，品质好。9月中旬采收的果实，可食率85%，可溶性同形物含量8%~9%，糖含量7克/100

毫升。酸含量 0.9~1.0 克/100 毫升。极早熟，8 月底 9 月初开始着色，9 月中上旬成熟。

（3）兴津。兴津于 1966 年从日本引入我国，目前在全国柑橘产区广为栽培。树势在早熟温州蜜柑中生长势强，枝梢分布均匀。果实为高扁圆形，单果重 150 克左右，橙色，果面较光滑。果实品质优，肉质细嫩化渣，甜酸可口，无核，可食率 75%~80%，果汁率 54%，可溶性固形物含量 11%~13.3%。丰产稳产，果实 9 月中旬成熟。兴津温州蜜柑的品质、丰产性优于宫川，但结果较宫川稍迟，是目前推广的早熟温州蜜柑。

（4）宫川。宫川目前在全国柑橘产区都有种植。树势中等或偏弱，树冠矮小紧凑，枝条短密，呈丛状。果实为高扁圆形，顶部宽广，蒂部略窄，果面光滑，果色橙红，皮较薄，单果重 125~140 克。品质优良，细嫩化渣，无核。可溶性固形物含量 11%左右，糖含量 9.5~10 克/100 毫升，酸含量 0.6~0.7 克/100 毫升。果实 10 月上中旬成熟。宫川温州蜜柑丰产、优质，是我国主栽的早熟温州蜜柑之一（图 1-2）。

（5）龟井 2501。龟井 2501 系湖北省农业科学院果树茶叶研究所从龟井温州蜜柑中选育出的早熟抗寒优良新品系。单果重 106.73 克，皮薄，果形指数 0.76，扁平，可溶性固形物含量 12.80%，可滴定酸 0.81%，总糖 9.32%，高糖，维生素 C 含量 202.6 毫克/千克，品质优于对照品种。抗寒性强，质脆化渣，甜酸适度，品质优良，10 月上中旬成熟。

（6）尾张。中熟品种，目前湖北、湖南种植较多。树势强，树冠不整齐，大枝粗长稀疏，小枝细密；果实扁圆形，单果重 80~100 克，无核，果面橙色，较光滑，果皮中厚；果实囊壁厚韧，不化渣，可溶性固形物 10%~12%，糖含量 7~9 克/100 毫升，酸含量 0.8~1.0 克/100 毫升，由于囊壁厚韧，鲜食稍逊；果实 11—12 月成熟，其产量高，品质佳。

图 1-2　宫川品种

2. 椪柑

椪柑别名芦柑，主产于广东、广西、福建、浙江、湖南、四川等省区，在我国的栽培数量仅次于温州蜜柑。树势强，树枝直立，叶小，果实大，高扁圆形或扁圆形，果皮较厚，橙黄色，皮易剥离，肉汁多，脆嫩，味甜，品质佳。果实耐贮运，产量高，适应性强。

（1）金水椪柑 2 号。金水椪柑 2 号系金水柑的优良芽变单株，是经过对其母本树及后代的多年观察选育而成的少核椪柑新品种。该品种适应性强，抗寒，树势生长强旺，丰产稳产，后代遗传稳定。果实品质优良，单果种子数 5.5 粒，果实高桩、扁圆形，果形指数 0.98，单果重 155 克，可食率 75%，风味浓郁，肉质脆嫩而化渣，可溶性固形物含量 12.4%，酸含量 1.04%，维生素 C 含量 268 毫克/千克。果实于 11 月下旬成熟，早果丰产性好。耐贮，抗寒、抗病性强，适应性广。

（2）黔阳无核椪柑。黔阳无核椪柑系普通椪柑芽变选育，

1998年通过湖南省农作物品种审定委员会审定，是目前全国唯一一个完全无核的椪柑品种，鲜食加工均可。从湖南引进湖北种植，表现为适应性强，早结丰产，无核性状稳定，品质优。黔阳无核椪柑果实扁圆形，果实横径7.05厘米，纵径5.85厘米，果形指数0.83，平均单果重120克。成熟时果面着色均匀，橙黄色，较光滑，油胞较密，果皮有光泽，易剥离。汁胞倒卵形，排列紧密，橙色。果实可食率76%，可溶性同形物含量12.0%~14.0%，维生素C含量215毫克/千克。果肉脆嫩、化渣、汁多，甜酸适度，香气浓郁，品质佳。不论是集中成片栽植，还是与有核柑橘混栽，果实均表现无核。耐贮藏，可贮藏至翌年2月。在湖北地区栽植，果实11月中旬着色，11月下旬成熟。生产中应注重培育丰产树形，适时进行保花保果，提高坐果率。

3. 本地早

本地早原产浙江黄岩，可供种，是浙江主栽的既可鲜食又宜加工全去囊衣橘瓣罐头的优良品种。

树势强健，树冠高大，呈圆头形或半圆头形，且整齐，分枝多而密，枝细软；果实扁圆形，单果重80克左右，色泽橙黄，果皮厚0.2厘米；果实可食率77.1%，果汁率55%以上，可溶性固形物12.5%，糖含量9.38克/100毫升，酸含量0.72克/100毫升，维生素C含量29.3毫克/100毫升，质地柔软，囊衣薄，化渣，品质上乘。果实种子2~3粒，10月下旬至11月上旬成熟；抗寒、抗湿，丰产、稳产，成年树每亩产量超过2 500千克。果实不耐贮藏是其不足（图1-3）。

本地早较耐寒，在北亚热带和北缘产区栽培风味浓、品质优；在热量丰富、积温高的区域栽培易出现粗皮大果，风味变淡，品质下降。

4. 砂糖橘

砂糖橘又称十月橘，以广西、广东种植较多，其他省市也有

图 1-3　本地早品种

种植。其成熟果实要求气温 0℃以上，否则会受霜冻，遇到冻雨影响而造成严重落果。

树势健壮，树冠中等，圆头形，根系发达，圆头型，枝细密、梢直立，发梢力强，叶片椭圆形，呈深绿色，叶缘锯齿稍深，翼叶较小。花白色，花形小，花径 2.5 厘米左右。一般种植 3 年可结果，5 年以后盛产期。果实扁圆形，单果重 30～80 克，果皮橘红色，顶部平，蒂部凹，果皮薄而脆，油胞突出明显，密集，皮厚 0.2 厘米，易剥离，囊瓣 10 个，大小均匀，半圆形，中心栓大而空虚，果肉橙黄色，果汁丰富而清甜，芳香浓烈，化渣性好，风味极佳（图 1-4）。

该品种发梢力强，秋梢是翌年的结果母枝，植株顶部枝萌梢力强，每抹一次芽，一条枝条可出 10 多条新梢，形成扫把枝。春季谢花后出现第一次生理落果，谢花后 25 天左右，会出现非常严重的第二次落果，是保果的重点时期。

图 1-4 砂糖橘

5. 南丰蜜橘

原产于江西省南丰县，其栽培历史悠久，在长期的栽培中，产生了芽变和自然杂交等，形成了许多品系，通过调查和观察，在栽培中具有一定经济价值的品系有大果系、小果系、植花蒂系、无核系和短枝系等。

除大果系外，其余果树势强健，树冠较大但比较矮化，果形略小，叶片卵圆形，但叶尖略圆微凹（谷称圆叶蜜橘），果实横径 40 毫米以上的占 80%左右，大小年结果现象明显，果肉化渣程度较差，味甜，可溶性固形物可达 15%以上。其开花期为 4 月上旬，成熟期为 11 月上中旬。而早熟系是南丰蜜橘的变异类型，比一般南丰蜜橘提早成熟 15～20 天，树性及果实经济性状与普通南丰蜜橘相似，丰产，但大小年结果较明显。其主要优点是具有早熟性，但与普通南丰蜜橘相比，其果面颜色较淡、酸度低、风味偏淡，化渣程度差（图 1-5）。

南丰蜜橘耐寒性较强，适合北亚热带和中亚热带栽培。栽培要求肥水充足，但怕积水，适宜在微酸性的砂质壤土上种植。

图 1-5　南丰蜜橘

二、橙类

橙类是世界上栽培最多的柑橘种类，由于不断发生变异，形成了庞大的变异群体。通常分为四类：普通甜橙、脐橙、血橙、无酸甜橙。目前在我国发展较快的是脐橙。

1. 纽荷尔脐橙

纽荷尔脐橙原产于美国，现在重庆、江西、广西、湖南等地广为种植。树体中等，枝梢生长势旺盛，树势开张，树冠扁圆形或圆头形，枝梢节间较短，叶色深，结果较朋娜脐橙和罗伯逊脐橙晚。果实椭圆形至长椭圆形，果面橙红，因此在生产中将椭圆形纽荷尔称为圆红，长椭圆形纽荷尔称为长红。外形端正，大小均匀，整齐度好，果实大，单果重 200~250 克，果面光滑，多为闭脐。果肉细嫩而脆，化渣，汁多，可食率 73%~75%，果汁率 49%左右，可溶性固形物含量 12%~13.5%。糖含量 8.5~10.5 克/100 毫升，酸含量 1.0%~1.1%，维生素 C 含量 503 毫克/千克果汁，品质上乘。果实 11 月中上旬成熟，采收期一般为 11 月下旬至 12 月上旬，耐贮性好。外观美，内质优，可用枳或红橘作砧木。优质、丰产、稳产，且抗日灼、脐黄和裂果，是我国主要推广的脐橙品种（图 1-6）。

图 1-6 纽荷尔脐橙

2. 红肉脐橙

红肉脐橙系秘鲁选育出的一个特异华脐芽变系。树势中等，枝梢紧凑，树姿较开张，树冠圆头形。萌发率和成枝率较强。萌发率为 54. 1%，成枝率为 95. 7%。成熟时果实近球形，果形指数 0. 96。果皮橙红色，果实稍小，平均单果重 180～200 克，可溶性固形物含量 13. 29%，总酸 0. 66%，固酸比 20. 14：1，维生素 C 含量 572. 4 毫克/千克，可食率 72. 15%。油胞大而稀，果蒂处有放射状沟，果面较光滑，有凹点。果实多为闭脐，脐小。该品种最突出的特征是果肉呈均匀的红色，并且因红色系胡萝卜素存在于汁胞壁中，因此，虽然果肉呈红色，但流出的果汁仍为橙色，十分适合用作水果色拉或拼盘。果实 12 月上旬成熟，早果

性好，幼苗定植两年即可开花结果，3 年有一定产量（图1-7）。

图 1-7　红肉脐橙

三、杂柑

杂柑指柑子与橙子的杂交产品，有的是多次杂交品，还有柚子参与杂交。杂柑的成熟时期一般在冬季和春季，突破了传统柑子成熟期在秋季的局限性。

1. 贡柑

贡柑是橙与橘的自然杂交品种，原产于广东肇庆。其果形美观、圆球形，果较大，果皮橙黄至橙红色，皮薄、多汁、果肉脆嫩、化渣、有香味、风味独特、高糖度、与橙类比较易剥皮，但果实易裂果，其成熟期为 11 月中下旬，品质极佳，很受消费者喜爱。

2. 沃柑

沃柑是中国柑橘研究所于 2004 年从韩国引进的杂交柑品种，经过在云南、四川等地试种观察后，其表现出树势强健，果实外形美观、漂亮，果汁多、味甜、化渣，晚熟、早结丰产，采收时间长，适应性广等优良特点。其果型端正、扁圆形、果实中等大小，一般单果重平均130克左右，可溶性固形物可达13%，果实成熟期为翌年的1—3月（图1-8）。

图1-8 沃柑

3. 茂谷柑

茂谷柑是宽皮橘类与甜橙类的杂交种，即橘橙类，于20世纪初由美国育成。其具有糖度高、风味浓、皮薄多汁、果形扁圆形，果大小均匀、果皮光滑、橙黄色，单果重达150克以上，可溶性固形物可达15%，成熟期为翌年2—3月。其缺点是果实易裂果，日烧严重，也易产生大小年。

四、柚类

柚类为芸香科植物常绿果树。我国柚类栽培历史很悠久，现在我国的广东、广西、福建、湖南、浙江、四川等地均有栽培。我国主要优质柚类品种有沙田柚、琯溪蜜柚（白肉、红肉、三红、黄肉）、坪山柚、矮晚柚等。

1. 沙田柚

原产广西容县，为我国传统名柚之一，已有200多年的栽培史。沙田柚适应性强，分布较广。

树势强健，树冠高大，开张或半开张。枝条粗壮较直立，老龄树枝条多斜生，有小刺。叶披针状椭圆形，叶缘有浅锯齿，翼叶发达呈心形，叶厚，叶面深绿，叶背浅绿色。总状花序或单生，花大。果实梨形，单果重500~1 500克，成熟果外皮呈金黄色，油胞细密，中果皮白色，囊壁厚，白色，汁胞细长，平行排列，白色或虾肉色，质脆嫩少汁。果实可食率为40%~60%，果汁含量30%~40%，果汁含可溶性固形物11%~12%，每100毫升含总酸量0. 3~0. 6克，维生素C 100~200毫克/千克，营养丰富，品质优良。果实10月下旬至11月中旬成熟，耐贮藏，经贮2~3个月后果肉变软，香蜜味浓，风味更佳。唯种子较多，每果60~120粒（图1–9）。

图1–9 沙田柚

2. 琯溪蜜柚（白肉、红肉、三红、黄肉）

琯溪蜜柚又称“平和抛”。原产福建省平和县琯溪河畔的西

圃洲地，已有400多年的栽培历史，是传统的名贵佳果。

树冠自然半圆形，较开张。枝叶稠密，长势特别壮旺。叶片阔披针形，较厚，叶面不平，色深绿是它的特点，叶缘大波状，主侧脉两面突起，翼叶中等大而较圆。花瓣乳白色，子房没有茸毛。果实倒卵形或阔圆锥形，外皮淡黄色，果大，单果重1 500~2 000克，大者可达3 000~5 000克。果基圆突，果蒂部周围有不明显的细放射条纹，果顶圆，有明显的“金钱印”。果面光滑，油胞较平，大小不一，香气浓，皮厚1.3~1.8厘米，果皮松软，易剥皮，中心柱空，囊瓣12~17瓣，长半月形，长短不一，排列不甚整齐，较易分离。汁胞纺锤形，蜡黄色或淡粉红色，晶莹透亮，横直杂嵌，囊瓣基部约有1/3的汁胞呈横向排列。可食率60%~70%，果肉出汁率56%~68%，果汁可溶性固形物含量9%~12%，100毫升含总酸量0.6~1克、维生素C 31~33毫克/千克。果肉柔软多汁，甜酸适口，化渣，味芳香，品质优。

成熟期为10月中下旬。生长势旺，适应性强，容易栽培，结果早，丰产稳产。因早熟、果大、优质，是目前国内外市场上俏销的优稀佳果。目前培育有白肉、红肉、三红、黄肉品种(图1-10)。

3. 矮晚柚

矮晚柚，因果实成熟期在同类果品中最晚，树型又非常矮小而得名，是南方常绿果树。矮晚柚系台湾晚白柚的芽变品种。

主要特点是矮化、晚熟、丰产、口感好、在春节前后成熟，鲜果可挂在树上到“五一”劳动节左右，实现了反季节销售，有天然水果罐头的美誉。该品种果形美观，扁圆形或短圆柱形，一般果重1 500克，最大果重3 600克。果皮黄色，表面光滑。果肉白色，肉质细嫩，多汁化渣，甜酸爽口，果实充分成熟时有浓郁的芳香，无苦麻味，品质上等（图1-11）。

图 1-10　三红蜜柚

图 1-11　矮晚柚

五、柠檬、金柑类

1. 尤力克柠檬

尤力克柠檬原产美国，我国 20 世纪二三十年代引入种植，表现优质、丰产而推广发展。其主要特点：树势中等，开张，枝条零乱，披散。果实椭圆形至倒卵形，两头有明显乳凸，其果色鲜艳，油胞凸出，出油量高，汁多肉脆，是鲜食和加工的首选品种。平均单果重150克左右，果皮淡黄，较厚而粗。果汁多，香气浓，酸含量6.0～7.5克/100毫升，糖含量1.48克/100毫升。春花果11月上旬成熟。适应性广，较丰产，可供发展（图1-12）。

图1-12 尤力克柠檬

2. 金弹

金柑系我国原产，有圆金柑、罗浮金弹、脆皮金柑、金弹等。金柑在浙江宁波、湖南浏阳、江西遂州、广西阳朔均种植较多。

金弹原产我国，是圆金柑与罗浮的杂种，又名长安金橘、融安金橘。其主要特点：树冠圆头形，枝梢粗壮、稀疏；果实倒卵形或圆球形，单果重11～13克，果色橙黄或橙色，光滑，具光泽，果皮较厚；果肉质脆、味甜、品质佳；主采期11月中旬至12月上旬，种子每果4~9粒。金弹抗寒性强，丰产稳产，品质好，适鲜食，而且也可制作成橘饼。可供金柑产区发展（图1-13）。

图1-13　金弹

柑橘品种很多，在选择柑橘品种时，应结合当地的气候、土壤、立地条件，选择品质优良、丰产稳产、效益高的优良品种。此外，果品用途、消费者喜好等因素也应充分考虑。

第二节　柑橘适宜的环境条件

柑橘是亚热带常绿果树，性喜温暖湿润气候，怕低温、干旱。地上部要求阴凉、湿润的环境；地下部则要求肥沃、湿润、疏松的环境。在栽培上若当地的条件满足上述的要求，柑橘就能很好地生长。若当地条件离上述的要求越远，柑橘生长就越差、甚至无法生存下去。

一、温度

温度是影响柑橘分布的主要因子，柑橘属亚热带长绿果树，

性喜温暖湿润的气候，畏寒冷。适宜栽培柑橘的地区年平均气温需15~22℃，冷月（1—2月）平均气温3℃以上。不同的柑橘种类和品种，要求不同适宜的温度。某地能否栽培柑橘，决不能单凭年平均气温，还要考虑大于或等于10℃的年积温、冷月的平均气温和极端低温出现的频率。柑橘能忍受的最低温度叫临界低温。超过临界低温，轻者落叶，重者枯死。不同柑橘种类和品种，其临界低温不等。温州蜜柑、甜橙的临界低温分别为-9℃、-7℃，温度降在0~5℃时果实脱落，-3℃时果实冻坏。超过临界高温时，引起落叶落果、果实灼伤等。果实品质与温度也有密切关系。柑橘果实发育初期，特别是成熟前，随着温度的升高，果实的含糖量升高糖酸的比例增大，酸和维生素C的含量下降，风味特别好。以甜橙为例，在适温范围内，随气温的升高，果实含糖量及糖酸比上升而含酸量下降，品质好；但当超过适温的上限时，糖酸均降低，味淡。若低于适温下限时，则糖和糖酸比下降，酸味浓。椪柑的气候适应性广，但以南亚热带地区表现最佳，而温州蜜柑则以中亚热带所产的品质最优。对大多数柑橙品种来说，开始萌芽的温度为12~13℃，23~31℃最适，35~37℃即停止生长。冬季低温不低于-5℃才能安全越冬。从器官来说，花、果、嫩芽的组织耐寒力较弱。

二、土壤

柑橘对土壤的适应性很强，一般在平地、山地、江河冲积地和海涂地上，无论是红壤、黄壤、紫色土或壤土、沙壤土、沙土、黏壤土等都能栽培柑橘，但是高产优质橘园的理想土壤，要求深、松、肥、潮的土壤。土层要深厚，达1米以上；土壤要肥沃，有机质达到2%~3%以上，土壤含氮量0.1%~0.2%，含磷0.15%~0.2%，含钾2%以上，酸碱适度，pH值在5.5~6.5；土质要疏松，以沙壤土和壤土为好，土壤含氧要求在2%以上；地下水位低，应在1米以下，土壤的田间持水量为60%~80%，海涂地栽培柑橘，要求土层在60厘米以内的土壤含盐量在0.3%以下，或氯离子在0.15%以下。

柑橘定植两年后，若不及时扩穴填肥改土，柑橘将成小老树、盆栽树或站岗树。橘园要注重排除积水，不然，土壤中的水分过多，就会引起缺氧，导致烂根。土壤pH值5~8，柑橘都能生长结果。如果土壤pH值在5以下，易引起可溶性铝、锰、铁、铜过多，和磷、钙、镁、钼的缺乏。可溶性铝、锰、铁过多，对柑橘根系产生毒害，致使植株黄化，生长衰弱。尤其pH值在4以下，这种情况更为严重。要经常施用适量石灰，调节土壤酸碱度。人们生产和生活活动中，所排出的有害物质进入土壤，不仅影响柑橘生长发育，而且直接或间接为害人畜健康。

三、水分

柑橘是需水量较大的树种，在进行光合作用时每制成1份干物质需耗水300~500份，所以柑橘喜湿润的气候生态环境。土壤干燥或空气湿度小均显著影响光合效能，在年降水量1 200~2 000毫米的地区，柑橘生长季节每月120~150毫米的地区，适宜柑橘的栽培，降水比较均匀最适宜柑橘生长。

四、光照

柑橘是较耐阴性的树种，其中甜橙类的耐阴性较强，宽皮柑橘类耐阴性弱些。柑橘是低光合效能植物，但对漫射光和弱光的利用能力很强，故在较阴的环境下也能正常生长结实。但光照不足时则叶片变平、变薄、变大，萌芽率、发枝率、坐果率降低，果实小、着色差，含糖少、酸度高，故成熟后期要求提高光照。但夏季过强的光照会引起向阳果实日灼；在低温寒害出现后过强的光照，容易引起生理干旱而加强落叶，故营造防护林，改善柑

橘园的小气候环境，对柑橘生育和稳产长寿是有利的。

第三节 柑橘生长发育规律

一、根的生长

根系是柑橘树的重要器官，一般由主根、侧根和须根组成。柑橘根系除固定植株作用外，还具有吸收（吸收水分、矿物养分、有机物质）、贮藏养分及合成和分泌有机物质等重要功能。

柑橘根系的分布因种类、品种、砧木及土壤条件、栽培技术的不同而异。一般树体高大、枝梢直立性强的柑橘根系分布较深，而树体较小、枝梢开张披垂的柑橘根系分布较浅。柑橘80%的根量分布在10~60厘米土层内，并多集中在树冠下。

柑橘为常绿果树，根系生长没有自然休眠现象，只要条件适合，周年均可生长。但因柑橘本身条件、自然条件及栽培技术的差异，在年周期内也表现出一定的生长规律。根系生长与枝梢生长高峰具有相互消长关系，即枝梢迅速生长时，根系生长缓慢；枝梢停止生长时，根系生长迅速。柑橘根系在一年中有几次生长高峰。一般情况下，春梢转绿后至夏梢抽生前为根系年周期的第一次生长高峰，发根量最多。夏梢抽生后至秋梢发生前，为根系年周期的第二次生长高峰，发根量较少。秋梢停止生长后是根系年周期的第三次生长高峰，发根量仅次于第一次生长高峰发根量。

二、芽的生长

芽是枝、叶、花等器官的原始体，即芽由于营养条件和外界环境条件的不同，可分化成枝、叶、花等器官，在繁殖的条件下，可以形成新的植株。

柑橘的芽为“复芽”，即在一叶腋中有多个芽。生产中可利用“复芽”的特性，通过“抹芽”技术措施促进萌发更多新梢。

柑橘的枝芽萌发生长形成枝梢。枝梢停止生长后会出现顶芽自行脱落现象，称顶芽“自剪”（顶芽“自枯”）。顶芽“自剪”前施肥能促进枝梢伸长。

柑橘的芽具有“顶端优势”，即枝梢最顶部的芽生长势最强，其以下的芽生长势依次递减。上部芽的存在能抑制下部芽的萌发。

在柑橘的主干和老枝上还具有“潜伏芽”，受刺激后能萌发成枝（图 1-14）。

图 1-14　潜伏芽

柑橘的根在特殊情况下也有“不定芽”会萌发成新梢。

三、枝的生长

枝干是组成柑橘树的基本骨架，也是输导和贮藏营养物质的器官。枝是长叶和结果的基本部位。着生叶芽的枝称为营养枝。着生花芽（纯花芽）或直接结果的枝称为结果枝。着生混合芽，抽生结果枝的枝称为结果母枝。

柑橘枝干的分枝角度和分枝级数对生长和结果均有极大影响。分枝角度小，生长势强，不利于开花结果。柑橘枝梢进入第三级分枝时可成为结果母枝，进入第七或第八级时就不再有发生二次梢的趋势。

柑橘一年中枝梢抽生的数量和质量是决定来年产量的重要指标。柑橘一年中枝梢依抽生时期可分为春、夏、秋、冬梢。春梢：一般在2—4月底抽生。发梢整齐，梢量大，是下次梢的发生枝或来年的结果母枝，但叶薄、枝较软。夏梢：一般在5—7月抽生。长势旺，枝条粗长，叶大而厚。但发梢不整齐，梢量大时往往会加剧落果。发育充实的夏梢也可成为翌年的结果母枝。秋梢：一般在8—10月抽生。长势及叶的大小介于春梢和夏梢之间。秋梢是多个柑橘品种的结果母枝。冬梢：为立冬前后抽生的枝梢。一般不论是幼树还是成年树都应避免冬梢抽生。

柑橘树在受损、营养特充足等情况下易抽生“突长枝”。“突长枝”是指长势很旺盛的枝。突长枝不具备结果能力并扰乱树冠，但可利用发生在主干上的突长枝进行树冠更新。

四、叶的生长

叶片是进行光合作用，制造有机养分的主要器官，也是进行呼吸作用和蒸腾作用的主要器官。对柑橘类果树而言，叶片也是贮藏养分的器官（约有40%的营养物质贮藏在叶中）。此外，叶片还具有吸收矿质元素的功能，因而可以进行叶面施肥（根外追肥）。

柑橘是光合效能低的植物。光合效能的大小与光的强度、叶温有关。在光强度一定的情况下，最适光合作用的叶温与空气湿度有关，空气湿度大，最适光合作用的叶温高。因此在土壤干旱而又高温干旱的情况下，空中喷水或土壤灌水都能提高光合

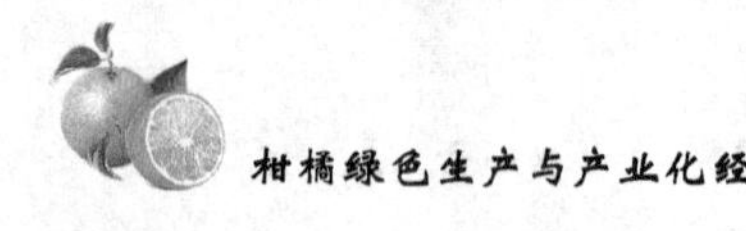

效能。

柑橘叶片对慢射光和弱光利用率高，光合效能随新叶龄增加而增加，一年生叶片光合效能比二年生叶片高。柑橘叶龄一般在1.5~2年。

柑橘叶色浓淡与叶含氮量成正比。氮多叶绿素多，叶色浓，光合能力强。

柑橘正常落叶是在春季开花末期，多是树冠下部老叶自叶柄基部脱落，落叶量在10%左右；而外伤、药害和干旱造成的落叶，多是叶身先落，后落叶柄。

五、花芽分化

根据花在枝条上的着生方式，可分为纯花芽、单花和花序几种类型。根据花枝上有无叶片，可分为无叶单花和有叶单花，无叶花序和有叶花序等。花期长短，如干旱高温则花期缩短。

柑橘花芽分化，一般是在果实采收前后开始，到第二年春萌芽前结束。但不同的品种也有不同，如金橘则是一年多次花芽分化。柑橘花芽分化必须具备组织分化基础，物质基础和一定的外界条件。花芽分化的首要因素是物质基础，外界条件影响很大，特别是光照条件。在过于密植和树冠荫蔽的条件下，光照不良极易导致花分化不良。实践证明，健壮的树势和通风透光条件对促进花芽分化良好是十分重要的保证。

六、果实发育

柑橘果实是由子房发育而成的，包括果皮、果内和种子三部分组成，当果实成熟时其果皮颜色为黄色、橙色或橙红色。

果实的发育分3个明显阶段：一是细胞分裂期，从花形成至基本落果停止，此期以细胞数增加而细胞体积和重量增加缓慢，果实增大主要是果皮的厚度。二是细胞增加期（迅速膨大期），从果实成熟前，以细胞的增大，果实增长迅速，因此，此期的水分和营养供应，对果实的大小和重量有决定性的作用。三是果实着色期，一般从开始着色，其果实组织发育基本完善，果实生长速度缓慢，果皮果内逐步转色，果汁中的糖和可溶性固形物逐渐增加，酸味减少，果实组织软化和果汁增多，芳香物质形成，这些变化都是果实成熟的主要标志，一般日夜温差在13~15℃果实着色最佳。

第二章　柑橘无病毒育苗技术

第一节　柑橘无病毒育苗技术概述

苗木繁殖是在新品种选育的基础上，应用先进的科学技术和严格的操作程序，将优良品种进行规模繁殖，是柑橘新品种走向生产的第一步。

柑橘的苗木繁育大多采取嫁接的方法进行，其育苗方法一般分为露地育苗和容器育苗。近些年来，随着柑橘产业技术水平的进步和农村劳动力成本的大幅提高，无病毒容器育苗技术在生产上逐步得到推广和普及。无病毒容器苗根系完整，不带病毒，且定植后无缓苗期，生长迅速，能够提前投产，与普通的露地裸根苗相比，可以增加产量约 30%。柑橘无病毒苗木可以克服目前柑橘上出现较普遍、难以用化学药剂防治的黄龙病、裂皮病、衰退病、碎叶病等（类）细菌性或（类）病毒性病害，实现柑橘苗木的无毒化栽培。因此，在生产上推广和应用柑橘无病毒苗木具有较大的现实意义。

第二节　柑橘优良品种脱毒方法

一、热处理法

热处理是利用病毒与植物体高温耐性的差异脱除病毒的一种方式。对感染病毒的接穗材料进行加热处理，以清除其体内的病

毒。处理方法有干热空气、湿热空气或热水浴等。处理温度和时间有较高温度和较短时间组合、较低温度和较长时间组合。热处理时间的长短应依不同病毒种类对高温的敏感程度而定。20 世纪 70 年代以来，国内采用热处理和四环素浸泡接穗培育无黄龙病柑橘苗木取得成功。但是，这种技术无法消除母树已感染的裂皮类病毒等病原物。

热处理法的脱毒效果因病毒种类的不同而差异很大，研究表明，热处理脱除粒状病毒效果好，而脱除杆状和带状病毒效果差。加之有的植物不耐高温处理。目前热处理常和组织培养脱除病毒方法相结合，用于组织培养前取材母株的预处理。

二、组织培养法

组织培养脱毒培育无病毒苗的主要方法有茎尖培养、愈伤组织培养、珠心胚培养、茎尖微体嫁接等。

茎尖组织培养脱除病毒的确切机理目前尚未完全清楚。一般认为病毒是由维管系统向上传输，所以在尚未分化维管组织的茎尖生长点部位，病毒含量很低或没有。也有的认为病毒向上传输的速度慢，培养中生长点分生组织细胞增殖快，致使生长点区域内的细胞不含病毒。但另一方面也有报道指出，生长点组织中确实存在一定数量的病毒，而经培养后才被脱除。

植物的器官和组织经脱分化诱导形成愈伤组织，然后经再分化培养诱导产生小植株，也可获得无病毒苗。

珠心胚培养无病毒苗主要应用于多胚性的柑橘，因珠心胚与维管束系统无直接联系，诱导产生的植株可脱除病毒。本法发展迅速，已有不少品种培养成功。在实施柑橘无病毒苗木繁育实践中，美国、巴西、意大利和西班牙应用无病毒或感染少数病毒的珠心系母树获得明显成效。

茎尖微体嫁接法是将实生砧木培养于试管内培养基上，再从

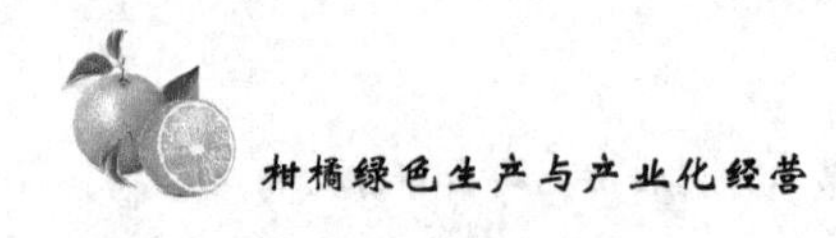

成年品种树上取1毫米左右大小的茎尖做接穗，嫁接在试管内的幼小砧木上以获得脱毒苗。

第三节　无病毒优良苗木繁育

一、无病毒育苗基地的选择

无病毒育苗基地要求选择四周250米以内无柑橘树种植，相邻果园必须无柑橘黄龙病、裂皮病、碎叶病、溃疡病等检疫性、危险性病害，交通便利、水源充足，便于苗木管理与运输，周围无严重空气、水源污染，地势要开阔向阳、排水良好的平地或梯地。苗圃地活土层深度达30厘米以上，肥沃，通透性好，土壤pH值5.5~7.0。

无病毒育苗基地包括砧木育苗圃、采穗圃、生产苗圃等，砧木育苗圃和采穗苗圃地应建在温室或者防虫网室中。圃地四周除有天然隔离条件外，最好应设置人工防护网。

二、无病毒母本园的建立

母本园的建立所需要的苗木和接穗由母树脱毒单位（柑橘一级采穗圃）负责提供，入圃前需要植检机构抽样复检确认无黄龙病、裂皮病、碎叶病、溃疡病等检疫性、危险性病害。圃地使用前需使用石硫合剂进行消毒。母本园不得引入其他来源的苗木和接穗，也不再进行高接，专用于无病毒苗圃供应接穗。

三、营养土配制和消毒

无病毒柑橘优良苗木繁育通常采取容器育苗。目前，生产中采用的几种柑橘育苗容器有黑色的聚乙烯塑料袋、硬质的聚乙烯育苗桶和无纺布育苗袋等。塑料袋规格为16厘米×16厘米×36

厘米。育苗桶为梯形方桶，规格为桶高 38 厘米，桶口 12 厘米，桶底 10 厘米，桶底有 3 个排水孔。当然，也可以根据需要定制不同规格的育苗袋或育苗桶。

无病毒培养土有很多不同的配方，如泥炭土：谷壳：河沙＝3：2：1，泥炭土：谷壳：河沙：园土＝3：2：1：1 等。各地可以因地制宜，就地取材。总的来说，如果泥炭土过多，则成本太高。如果河沙和谷壳比例过高，将来容器苗定植时很容易散坨裸根。加入适量园土，利于根系成坨，便于移栽；反之，园土过多，则容易造成容器内基质板结，不利于排水。

柑橘容器育苗因是按照特定配方配制的腐殖质营养土，培育的苗木根系发达，定植后成活率可达 100%。营养土使用前需用福尔马林消毒。方法：每隔 40～50 厘米，用木棒或竹棒打 15 厘米深圆孔，每个消毒孔灌福尔马林原液 2 毫升，然后覆土，盖膜；5 天后揭去塑料膜，翻土 3 次，加速药液挥发。

四、播种

砧木种子的选择中，宽皮柑橘、橙类选用枳壳作砧木为最优；橙类也可选用红橘、枳橙作砧木。砧木种子播种前，需要进行温汤浸种，即先置于 50℃ 热水中预浸 5～6 分钟，然后置于 55℃ 热水中恒温处理 50 分钟，处理时需要经常搅拌种子。处理完毕立即摊开冷却，晾干后即可播种。

播种前苗床先消毒。播种采用小方格的钢丝网格播种。每小格播种 1 粒，种子小的一端即胚根插入营养土，以压埋种料为宜，播种后，在上面撒 1 厘米营养土。播种后的当天，喷 1 次透水，喷头朝上，反复多次，防止把种子冲歪。

五、接穗采集

无病毒育苗需要建立专用采穗圃，并且采穗圃使用年限为 3

年。接穗采集后，需要进行消毒处理，具体步骤如下：首先，配置1 000单位/毫升盐酸四环素液浸泡处理接穗材料2小时；然后，使用农用链霉素浸泡半小时，加1%乙醇混合处理效果更佳；最后，用5.25%次氯酸钠溶液处理1分钟，再立即转用清水洗净贮藏待用。

六、嫁接苗管理

1. 嫁接前的准备

（1）施肥。嫁接前灌施肥水1次，以增加砧木的营养，促进形成层尽快分裂，保证嫁接的成活率。

（2）除萌。将砧木苗地面25厘米处的萌蘖和刺全部除去，保证嫁接时好操作，提高嫁接成活率。

（3）采接穗。采无病毒母本园专供接穗。采穗前和采穗后或嫁接前后，嫁接工具都要用1%次氯酸钠消毒。所采接穗必须消毒，嫁接采取每一品种接完后消毒。

2. 嫁接

嫁接高度为距营养土表面高15~20厘米。一般采用单芽切接或单芽腹接等嫁接法。

（1）单芽切接。切接法只适于春季。砧木切口离地面10~15厘米，选择东南向的光滑部位，纵切一刀，在砧木切口上方，用嫁接刀斜拉断砧木，接口在切口低的一侧，切口长度略短于单芽接穗，单芽放入切口后，芽在砧木切口上，然后用薄膜条带进行包扎，待第一次梢停止生长后再解膜。

（2）单芽腹接。腹接法是柑橘繁殖中最普遍的应用方法。腹接是指接合部在砧木腹部的嫁接法，一般砧木比接穗粗大。砧木切口选择东南向的光滑部位，离地面10~15厘米处，将刀刃中部紧贴砧木，向下切一刀，由浅至深切开皮层，深达形成层，切口略长于接穗，并将切口削下的皮切掉1/2~2/3，将接穗下端

短削面与砧木切口底部接触，用塑料条带将接穗和切口包扎，不留缝隙，若春季嫁接或6月嫁接，可作露芽包扎。

3. 嫁接后的管理

补接、除萌、立支柱。嫁接两周后开始检查成活情况，发现接芽变褐，及时补接。砧木上萌发的砧木芽应及时除去，以促进接芽生长。接芽有时会萌发多个梢，要摘除弱梢，留下强梢。新梢长长后要及时设立支柱，以防止苗木弯曲生长以及大风从接口处将新梢吹断。

肥水管理。嫁接后至春梢老熟前，一般不施肥，如苗木长势差，可适当补充速效肥或腐熟液肥。春梢停止生长时施1次稀水肥。谷雨前后夏梢抽生前施1次重肥，促进夏梢生长，最好配合一些磷肥，使须根更发达。在每一次新梢生长时，除施肥外，还应注意供水。同时苗圃切忌积水，以免烂根。

七、苗木出圃

1. 苗木出圃标准及要求

苗木出圃标准：嫁接部位离营养土表面≥15厘米；嫁接口上方2厘米处直径0.8厘米，且主干直立和光洁；苗高60厘米以上，枝叶健全，叶色浓绿；根茎和主根不扭曲，主根长20厘米左右，须根发达。

2. 苗木出圃要求

起苗前应充分灌水，抹去所有嫩芽，剪除幼苗基部多余分枝，喷药防治病虫害，苗木出圃时要清理并核对标签，注明品种品系和育苗单位；出圃苗木应无检疫性病虫害及柑橘裂皮病、碎叶病等；育苗单位苗木必须经种子管理站出具《柑橘苗木质量检测合格证书》后才能出圃。

第三章　柑橘建园技术

第一节　柑橘园地选择

一、环境良好

环境良好对大气、灌溉水质、土壤质量的具体要求如下。

1. 大气质量

园地内空气质量较好且相对稳定，产地的上方风向区域内无大量工业废气污染源。

2. 灌溉水质

产地灌溉用水质量稳定，以江河湖库水作为灌溉水源的，则要求在产地上方水源的各个支流处无显著工业、医药等污染源影响。

3. 土壤质量

产地土质肥沃，有机质含量高，酸碱度适中，土壤中重金属等有毒有害物质的含量不超过相关标准规定，不得使用工业废水和未经处理的城市污水灌溉园地。

选择的园区及周边规划园区应无工业“三废”排放，土壤中铅、汞、砷等重金属含量和六六六、滴滴涕等有毒农药残留不超标；无柑橘溃疡病、黄龙病和大实蝇等检疫性病虫害；工厂和商品化处理线应建在无污染、水源充足、排污条件较好的地域。

二、气候适宜

在柑橘生态最适宜区或适宜区种植，生态次适宜区种植必须选适宜的小气候地域。国家确定的柑橘优势带应重点发展。具体的气温指标是：年平均温度16~22℃，极端低温≥-7℃，1月平均温度≥4℃，≥10℃的年积温5 000℃以上。甜橙较宽皮柑橘不耐寒，应高于上述气温指标：极端低温≥-5℃，1月平均温度≥5℃，≥10℃的年积温5 500℃以上。

三、地形有利

在山丘种植柑橘，一般不宜选择西向山坡建立柑橘园。在柑橘易发生冻害之地，应选择背山向阳的小气候环境建园。丘陵山地建园，为保持水土，既要坡度小（不超过15°），山顶又要有植被保护，最好有涵养林。此外，坡度小，有利于规模、高标准建园，既可节省成本，又便于生产管理和现代化技术的应用。

四、土壤适宜

柑橘最适宜种植在疏松深厚、通透性好、保肥保水力强、pH值5.5~6.5、具有良好团粒结构的土壤上。在红壤、黄壤、紫色土、冲积土、水稻土上均可种植，但土层薄、肥力低、偏酸或偏碱的土壤，种植前、后应进行改土培肥。

五、水源保障

水源供应要有保障。距水源的高程低于100米，年供水量每亩[①]大于100吨。

---

① 1亩≈667米^2，1公顷=15亩。全书同

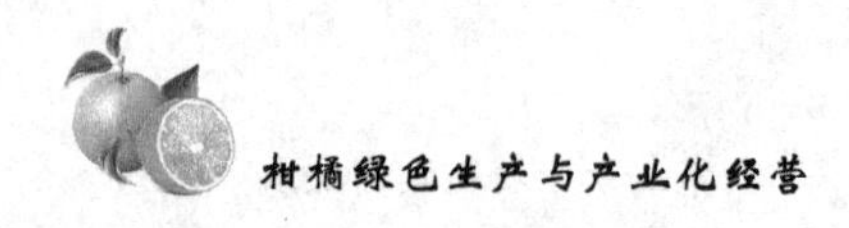

六、交通方便

交通运输条件要方便。各柑橘园地离公路主干道的距离不超过 1 000 米为宜。

第二节　柑橘园地规划

柑橘园地规划是在尽量选择有利于果园建设的地形地貌、海拔高度、地域气候、土壤、水源和交通电力通信等条件的基础上，对可以人为改变的不利条件进行改造，使之成为优质、丰产的高效果园。规划的内容包括道路、水系、土壤改良、种植分区、防护（风）林和附属设施建设等，其中道路、水系和土壤改良是规划的重点。

一、道路系统

道路系统由主干道、支路（机耕道）、便道（人行道）等组成。以主干道、支路为框架，通过其与便道的连接，组成完整的交通运输网络，方便肥料、农药和果实的运输以及农业机械的出入。主干道按双车道设计。不靠近公路，园地面积超过 66.67 公顷的，修建主干道与公路连接。支路按单车道设计，在视线良好的路段适当设置会车道。园地内支路的密度，原则上果园内任何一点到最近的支路、主干道或公路之间的直线距离不超过 150 米，特殊地段控制在 200 米左右。支路尽量采用闭合线路，并尽可能与村庄相连。主干道、支路的路线走向尽量避开要修建桥梁、大型涵洞和大型堡坎的地段。

便道（人行道）之间的距离，或便道与支路、便道与主干道或公路之间的距离根据地形而定，一般控制在果园内任何一点到最近的道路之间的直线距离在 75 米以内，特殊地段控制在

100 米左右。行间便道直接设在两行树之间，在株间通过的便道减栽一株树。便道通常采取水平走向或上下直线走向，在坡度较大的路段修建台阶。

相邻便道之间，或相邻便道与支路之间的距离尽量与种植柑橘行距或株距成倍数。

（一）设计要求

1. 主干道

贯通或环绕全果园，与外界公路相接，可通汽车，路基宽 5 米，路宽 4 米，路肩宽 0.5 米，设置在适中位置，车道终点设停车场。纵坡不超过 5°，最小转弯半径不小于 10 米。路基要坚固，通常是见硬底后石块垫底，碎石铺路面、碾实，路边设排水沟。

2. 支路

路基宽 4 米，路面宽 3 米，路肩 0.5 米，最小转弯半径 5 米，特殊路段 3 米，纵坡不超过 12°，要求碎石铺路，路面泥石结构，碾实。支路与主干道（或公路）相接，路边设排水沟。

支路为单车道，原则上每 200 米增设错车道，错车道位置设在有利地点，满足驾驶员对来车视线的要求。宽度 6 米，有效长度大于或等于 10 米，错车道也是果实的装车场。

3. 人行道

路宽 1~1.5 米，土路路面，也可用石料或砼板铺筑。人行道坡度小于 10°，直上直下；10°~15°，斜着走；15°以上的按“Z”字形设置。人行道应有排水沟。

4. 梯面便道

在每台梯地背沟旁修筑宽 0.3 米的便道，又是同台梯面的管理工作道，与人行道相连。较长的梯地可在适当地段，上下两台地间修筑石梯（石阶）或梯壁间工作道，以连通上下两道梯地，方便上下管理。

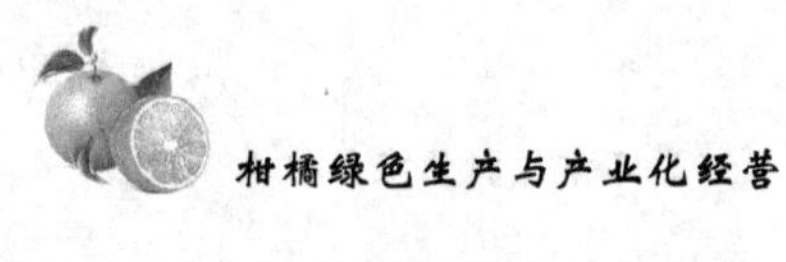

5. 水路运输设施

沿江河、湖泊、水库建立的柑橘基地，应充分利用水道运输。在确定运输线后，还应规划建码头的数量、规模大小。

（二）主干道与支路布局

1. 平地型柑橘园

平地型柑橘园，主干道一般从果园中穿过。在主干道上每隔300~400米设一支路与主干道垂直相连或相交，支路与支路平行或同向延伸。

2. 坡面型柑橘园

在坡面相对整齐，坡度相近的一个或连续多个坡面上建设柑橘园，坡度在8%以下时，主干道设在坡面中部的等高线上，支路分别在其上下坡面两向延伸，并尽可能形成闭合线路。坡度在8%以上时，主干道可设在坡面中部等高线或坡面底部，支路采用斜向或“Z”字形布局。

3. 山谷型柑橘园

主干道宜设在山谷并贯穿各山头，支路由主干道适当地点引出，向坡面果园延伸，到达坡面中部或中上部后再沿等高线方向延伸路，并形成闭合路线。如果山谷型柑橘园面积不大，山谷两边可用的坡面不高，可以只在山谷修设一支路即可，两边的坡面仅设人行道连接。

4. 丘陵型柑橘园

在一片大小不等的丘陵区域建设柑橘园。主干道宜设在丘陵的底部，贯穿主要丘陵山头，由主干延伸出来的支路连接各个丘陵山头。小面积的丘陵，主干道到达果园中心区域即可，由支路通达的丘陵山头；较大面积的丘陵，需将主干道贯穿整个园区，支路在每个丘陵的下部和中部环绕一圈，在坡面每隔200~300米设上、下方向的人行便道将中部和下部的支路连接起来。

5. 不规则柑橘园

不规则柑橘园地形变化多端，主干道的布局原则是通达主要的柑橘种植区，面积较小的不连片柑橘种植区则由支路连接，并根据需要增加种植区内的支路数量，采用闭合支路等布局。零星小地块柑橘园可以考虑只用人行道连接。

二、水利系统

（一）灌溉系统

柑橘果园灌溉可以采用滴灌（微喷灌）的节水灌溉和蓄水灌溉等。

1. 滴灌

滴灌是现代的节水灌溉技术，适合在水量不丰裕的柑橘产区使用。水溶性的肥料可结合灌溉使用。但滴灌设施要有统一的管理、维护及规范的操作。地形复杂、坡度大、地块零星的柑橘果园安装滴灌难度大、投资大，使用管理不便。滴灌由专门的滴灌公司进行规划设计和安装。滴灌的主要技术参数：灌水周期 1 天，毛管 1 根/行，滴头 4 个/株，流量 3~4 升/小时，土壤湿润比≥30%，工程适用率>90%，灌溉水利用系数 95%，灌溉均匀系数 95%，最大灌水量 4 毫米/天。

2. 蓄水灌溉

尽量保留（维修）园区内已有的引水设施和蓄水设施，蓄水不足又不能自流引水灌溉的园区（基地）要增设提水设施。

新修蓄水池的密度标准：果园的任何一点到最近的取水点之间的直线距离不超过 75 米，特殊地段可适当增大。蓄水设施：根据柑橘园需水量，可在果园上方修建大型水库或蓄水池若干个，引水、蓄水，利用落差自流灌溉。各种植区（小区）宜建中、小型水池。根据不同柑橘产区的年降水量及时间分布，以每亩 50~100 米^{3}的容积为宜。蓄水池的有效容积一般以 100 米^{3}为宜，坡度较大的地方，蓄水池的有效容积可减小。蓄水池的位置一般建在排水沟附近。在上下排水沟旁的蓄水池，设计时尽量利用蓄水池减小水的冲击力。不论是实施滴灌灌溉或是蓄、引水灌溉，在园区内均应修建3~5米^{3}容积的蓄水池数个，用于零星补充灌水和喷施农药用水之需。

3. 灌溉管道（渠）

引水灌溉的应有引水管道或引水水渠（沟），主管道应纵横贯穿柑橘园区，连通种植区（小区）水池，安装闸门，以便引水灌溉或接插胶管作人工手持灌溉。

沤肥池：为使柑橘优质、丰产，提倡柑橘果树多施有机肥（绿肥、人畜粪肥等），宜在柑橘园修建沤肥池，一般0.33~0.67公顷建1个，有效容积10~20米^{3}为宜。

柑橘园（基地）灌溉用水，应以蓄引为主，辅以提水，排灌结合，尽量利用降雨、山水和地下水等无污染水。水源不足需配电力设施和柴油机抽水，通过库、池、沟、渠进行灌溉。

（二）排水系统

平地（水田）柑橘园或是山地柑橘园，都必须有良好的排水系统，以利植株正常生长结果。

平地柑橘园（基地）：排洪沟、主排水沟、排水沟、厢沟，应沟沟相通，形成网络。

山地、丘陵柑橘园（基地）：应有拦洪沟、排水沟、背沟和沉沙坑（凼）并形成网络。

拦洪沟：应在柑橘果园的上方林带和园地交界处设置，拦洪沟的大小视柑橘园上方集（积）水面积而定。一般沟面宽1~1.5米，比降0.3%~0.5%，以利将水排入自然排水沟或排洪沟，或引入蓄水池（库）。拦洪沟每隔5~7米处筑一土埂，土埂低于沟面20~30厘米，以利蓄水抗旱。

排水沟：在果园的主干道、支路、人行道上侧方都应修宽、

深各50厘米的沟渠，以汇集梯地背沟的排水，排出园外，或引入蓄水池。落差大的排水沟应铺设跌水石板，以减少水的冲力。

背沟：梯地柑橘园，每台梯地都应在梯地内沿挖宽、深各20~30厘米的背沟，每隔3~5米留一隔埂，埂面低于台面，或挖宽30厘米、深40厘米、长1米的坑，起沉积水土的作用。背沟上端与灌溉渠相通，下端与排水沟相连，连接出口处填一石块，与背沟底部等高。背沟在雨季可排水，在旱季可用背沟灌水抗旱。

沉沙凼：除背沟中设置沉沙凼外，排水沟也应在宽缓处挖筑沉沙凼，在蓄水池的入口处也应有沉沙凼，以沉积排水带来的泥土，在冬季挖出培于树下。

三、土壤改良

完全适合柑橘果树生长发育的土壤不多，一般都要进行土壤改良，使土层变厚，土质变疏松，透气性和团粒结构变好，土壤理化性质得到改善，吸水量增加，变土面径流为潜流而起到保水、保土、保肥的作用。

不同立地条件的园地有不同的改良土壤的重点。平地、水田的柑橘园，栽植柑橘成功的关键是降低地下水位，排除积水。在改土前深开排水沟，放干田中积水。耕作层深度超过0.5米的可挖沟筑畦栽培，耕作层深度不到0.5米的，应采用壕沟改土。山地柑橘园栽植成功的关键是加深土层，保持水土，增加肥力。

1. 水田改土

可采用深沟筑畦和壕沟改土。

深沟筑畦：或叫筑畦栽培，适用耕作层深度0.5米以上的田块（平地）。按行向每隔9~9.3米挖一条上宽0.7~1.0米、底宽0.2~0.3米、深度0.8~1.0米的排水沟，形成宽9米左右的种植畦，在畦面上直接种植柑橘两行，株距2~3米。排水不良的田块，按行向每隔4~4.3米挖一条上宽0.7~1.0米、底宽0.2~0.3米、深度0.8~1.0米的排水沟，形成宽4米左右的种植畦，在畦面中间直接种植1行柑橘，株距2~3米。

壕沟改土：适用于耕作层深度不足0.5米的田块（平地），壕沟改土每种植行挖宽1米、深0.8米的定植沟，沟底面再向下挖0.2米（不起土，只起松土作用），每立方米用杂草、作物秸秆、树枝、农家肥、绿肥等土壤改良材料30~60千克（按干重计），分3~5层填入沟内，如有条件，应尽可能采用土、料混填。粗的改土材料放在底层，细料放中层，每层填土0.15~0.20米。回填时将原来0.6~0.8米的土壤与粗料混填到0.6~0.8米深度，原来0.2~0.4米的土回填到0.4~0.6米深度，原来0~0.2米的表土回填到0.2~0.4米深度，原来0.4~0.6米的土回填到0.2~0.4米深度。最后，直到将定植沟填满并高出原地面0.15~0.20米。

2. 旱地改土

旱坡地土壤易冲刷，保水、保土力差，采用挖定植穴（坑）改良土壤。挖穴深度0.8~1.0米，直径1.2~1.5米，要求定植穴不积水。积水的定植穴要通过爆破，穴与穴通缝，或穴底开小排水沟等方法排水。挖定植穴时，将耕作层的土壤放一边，生土放另一边。定植穴回填每立方米有机肥用量和回填方法同壕沟改土。

3. 其他方法改土

其他改土方法有爆破法、堆置法和鱼鳞式土台。

四、种植分区

种植区规划：面积较小的果园或家庭果园一般可简单规划，整好梯土或挖掘定植沟，压绿培肥，修好排水沟，即可栽植。大型果园则必须进行全面规划，进行种植区划分。

种植区可按地形、道路、防护林等为界，划分成若干种植区，种植区是果园管理的基本单位，面积 2 公顷以上，要求气候、土壤类型尽可能一致，以便栽种一个品种，进行专业管理。种植区宜采用长方形或四边形，平地果园长边与有害风向垂直。山地长边随等高线走向弯曲，以减少水土流失，方便排灌和耕作运输管理。坡度大的山地果园，种植区采用梯形或不规则形。种植区应充分规划利用土地，坡度在 10°以下的果园，栽植果树的梯地应占总面积 90%左右；10°~20°坡地果园栽植面积应占 85%左右；其他道路、水系、附属建筑不宜占地太多，以免降低果园的生产力。

五、防护林带

防护林应包括防风林和蓄水林等，有风害、冻害的柑橘产区在柑橘园的上部或四周应营造防护林。

防风林有调节柑橘果园温度、增加湿度、减轻冻害、降低风速、减少风害、保持水土、防止风蚀和冲击的作用。

防风林带通常交织栽植成方块网状，方块的长边与当地盛行的有害风向垂直（称主林带），短边与盛行的风向平行。林带结构分为密林带、稀林带和疏透林带 3 种。密林带由高大的乔木和中等灌木组成，防风效果好，但防风范围小，透风能力差，冷空气下沉易形成辐射霜冻。稀林带和疏透林带由 1 层高大乔木或 1 层高大乔木搭配 1 层灌木组成，这两种林带防风范围大，通气性好，冷空气下沉速度缓慢，辐射霜冻也轻，但局部防护效果较差。实践表明，疏透林带透风率 30%时防风效应最好。

防风林的树种多以乔木为主要树种，搭配以灌木效果较好。乔木树种选树体高大、生长快、寿命长、枝叶繁茂、抗风、抗盐碱性强，没有与柑橘相同病虫害的树种。冬季无冻害的地区可选木麻黄；冬季寒冷的柑橘产区可选冬青、女贞、洋槐、乌桕、苦

楝、榆树、喜树、重阳木和柏树等乔木。灌木主要有紫穗槐、芦竹、慈竹、柽柳和杞柳等。

六、附属建筑物

大型柑橘园地的办公室、保管室、工具房、包装场、果品贮藏库、抽水房、护果房和养畜（禽）场，均属果园（基地）的附属设施。应根据果园的规模、地形和附属建筑的要求，做出相应的规划。如办公室位置要适中，便于对作业区实行管理；养畜（禽）场宜在果园的上方水源、交通和饲料用地方便处。包装场宜在柑橘园的中心，并有公路与外界相连。果品贮藏库宜在背风阴凉、交通方便的地方。护果房宜在路边制高点处，抽水房宜在近水源又不会被水淹没的位置建造。

第三节　柑橘园地建设

一、山地园建设

山地柑橘园地可根据道路、水系的设计实施，按土壤改良的要求进行改良。

1. 测出等高线

测量山地园（基地）可用水准仪、罗盘等，也可用目测法确定等高线。先在柑橘园（基地）的地域选择具有代表性的坡面，在坡面较整齐的地段大致垂直于水平线的方向自上而下沿山坡定一条基线，并测出此坡面的坡度。遇坡面不平整时，可分段测出坡度，取其平均值作为设计坡度。然后根据规划设计的坡度和坡地实测的坡度计算出坡线距离，按算出的距离分别在基线上定点打桩。定点所打的木桩处即是测设的各条等高线的起点。从最高到最低处的等高线用水准仪或罗盘仪等测量相同标高的点，

并向左右开展，直到标定整个坡面的等高点，再将各等高点连成一线即为等高线。

对于地形复杂的地段，测出的等高线要做必要的调整。调整原则：当实际坡度大于设计坡度时，等高线密集，即相邻两梯地中线的水平距离变小，应适当调减线；相反，若实际坡度小于设计坡度时，也可视具体情况适当加线。凸出的地形，填土方小于挖土方，等高线可适当下移。凹入的地形，挖土方小于填土方，等高线可适当上移。地形特别复杂的地段，等高线呈短折状，应根据“大弯就势，小弯取直”的原则加以调整。

在调整后的等高线上打上木桩或划出石灰线，此即为修筑基地的基线。

2. 梯地的修筑方法

修筑水平梯地，应从下而上逐台修筑，填挖土方时内挖外填，边挖边填。梯壁质量是建设梯地的关键，常因梯壁倒塌而使梯地毁坏。根据柑橘园土质、坡度、雨量情况，梯壁可用泥土、草皮或石块等修筑。石梯壁投资大，但牢固耐用。筑梯壁时，先在基线上挖1条0.5米宽、0.3米深的内沟，将沟底挖松，取出原坡面上的表土，以便填入的土能与梯壁紧密结合，增强梯壁的牢固度。挖沟筑梯时，应先将沟内表土搁置于上方，再从定植沟取底土筑梯壁（或用石块砌），梯壁内层应层层踩实夯紧。沟挖成后，自内侧挖表土填沟，结合施用有机肥，待后定点栽植。梯地壁的倾斜度应根据坡度、梯面宽度和土质等综合考虑确定。土质黏重的角度可大一些；相反，则应小一些，通常保持在60°~70°。梯壁高度以1米左右为宜，不然虽能增宽梯面，但费工多，牢固度下降。筑好梯壁即可修整梯面，筑梯埂、挖背沟。梯面应向内倾，即外高内低。对肥力差的梯地，要种植绿肥，施有机肥，进行土壤改良，加深土层，培肥地力。

在山地建园，如何增宽梯面，降低梯壁高度，增加根际有效土壤体积，防止水土流失，是山地建园工程中需要解决的问题。在20°~30°坡地筑3~4米宽的梯地，一般梯壁高1.1~2.8米。坡度每增加5°，修筑梯地挖填土方量要增加28%~31%。梯面每增宽1米，挖填方量增加28%~35%。

在坡度大的地块，梯面太宽，不仅施工量大，且土层翻动也大，延迟了土壤熟化。但梯面过窄，会导致树体空间和土壤营养不足。一般柑橘树冠，定植3~4年冠径可达1米。10~15年可达3米左右。据此，为增加梯面空间，降低梯壁高度，又有工作道便于出入管理，应修筑有工作道的复式梯地。20°~25°坡地，梯面应达到3.5米，同时在梯壁间再修建1条0.5米宽的工作道，实际梯面空间可达4米。

复式梯地，不仅加宽了梯面空间，同时将一个高的梯壁改成二段矮梯壁，既防止冲刷垮塌，减少施工量和土地翻动过大，又便于树冠长大后的出入管理。

二、平地园建设

平地园包括平地、水田、沙滩和河滩、海涂柑橘生产园地等类型，地势平缓，土层深厚利于灌溉、机耕和管理，树体生长良好，产量也较高。应特别注意水利灌溉工程、土地加工和及早营造防风林等。

（一）平地和水田柑橘园地

包括旱地柑橘园（基地）和水田改种的柑橘生产基地，此类型柑橘园（基地）重在降低地下水位和建好排灌沟渠。

1. 开设排、灌沟渠

旱作平地建园可采用宽畦栽植，畦宽4~4.5米，畦间有排水沟，地下水位高的排水沟应加深。畦面可栽1行永久树，两边和株间可栽加密株。

水田柑橘生产基地的建设经验是建筑浅沟灌、深沟排的排灌

分家，筑墩定植，也是针对平地或水田改种柑橘园地下水位高所采取的措施。

建基地时即规划修建畦沟、园围沟和排灌沟3级沟渠，由里往外逐级加宽加深，畦沟宽50厘米，园围沟宽65厘米、深50厘米以上，排灌沟宽、深各1米左右，3级沟相互通连，形成排灌系统。

洪涝低洼地四周还应修防洪堤，防止洪水侵入，暴雨后抽水出堤，减少涝渍。

2. 筑墩定植

结合开沟，将沟土或客土培畦，或堆筑定植墩，栽柑橘后第一年，行间和畦沟内还可间作，收获后挖沟泥垒壁，逐步将栽植柑橘的园畦地加宽加高，修筑成龟背形。也可采用深、浅沟相间的形式，2~3畦1条深沟，中间两畦为浅沟，浅沟灌水、排水，深沟蓄水和排水。栽树时，增加客土，适当提高定植位置，扩大株行距。

3. 道路及防风林建设

道路应按照基地面积大小规划主干道、支路、便道，以便于管理和操作。

常年风力较大的地区，应设置防风林带，主林带与主风方向垂直设置。主林带乔木以1~1.5米株行距栽植6~8行，株间插栽1株矮化灌木树，主林带宽宜8~15米，两条主林带间距以树高25倍的距离为好。副林带与主林带成垂直方向，宽6~10米。防风林宜与建园同时培育，促使尽早发挥防风作用。

（二）沙滩、河滩柑橘园地

江河和湖滨，有些沙滩、河滩平地，多年未曾被淹没过，也可发展柑橘。这些果园受周围大水体调节气温，可减少冻害。但沙滩、河滩园也存在很多不利因素，如沙土导热快，园地地下水位高，地势高低不平，高处易旱、低处易涝，水肥易流失，容易遭受风害等。因此，沙滩、河滩建园的首要任务是加强土壤改良，营造防风林和加强排、灌水利设施的建设。沙滩园地选择时，应选沙粒粗度在0.1毫米以下的粉沙土壤，地势较高，地下水位较低，有灌溉水源保证的地方建基地。定植前以适宜的地下水位为准，取高填低，平整园地，如能逐年客土，将较黏重的土壤粉碎后撒布畦面更好。应尽早营造防风林带（同水田柑橘园），防止河风为害，并将园内空地种植豆科绿肥，覆盖沙面，降低地温，减少风沙飞扬。

第四节　柑橘起垄栽植

果树起垄栽植是指在建园时将表层土和中层土堆积起垄成行，起垄时土壤添加一定量的有机物（30%左右），垄高30~50厘米，宽50~80厘米，然后将果树栽植在垄上的一种种植模式。起垄栽植目前在果树种植方面进行了推广试验，并取得了不错的效果。起垄种植有利于排水，可以增加土壤的透气性，使作物的根系更加集中，吸收根增加而生长根减少，最终将产生树体矮化、成花容易并提早结果的效果。近年来，果树起垄配套栽培被认为是克服平地低洼种植果树的缺点、解决成熟前后秋雨过多造成的涝害和提高果实品质的一项重要的栽培措施。

柑橘的起垄栽植能够有效改善树体根系环境，有助于吸收根的生长和行使吸收功能，从而有利于叶片的生长和保持正常叶片功能，增加果实产量和品质。由于柑橘是多年生深根性植物，根系耐涝性较差，因此在柑橘种植过程中排水至关重要。起垄栽植是解决柑橘深层根系透气性差、防止积水成涝的一种有效方法，特别在排水不畅的地方很有必要采用起垄栽植。柑橘起垄栽植是一项增产幅度很大的栽培新技术，值得大力推广。

柑橘起垄栽植操作要分新栽树和已栽树。露地新栽树可以按

行距4~5米来安排，其中包括2~3米宽的沟和2米宽的垄，垄高30~50厘米，柑橘栽于垄上。对于已栽树，可在行间开沟，将表土撒于树盘后，其他土移出园外，使垄高30~50厘米、宽100~150厘米，增加土壤透气性，利于根系的生长和营养吸收。柑橘新栽园起垄栽植操作技术要点如下。

一、起垄

综合已有生产实践，起垄大概有3种方式，即全园松土培垄、挖沟起垄和边种边扩垄。

1. 全园松土培垄

在种植前一年秋季，首先将腐熟的有机肥（亩施2 000~2 500千克腐熟厩肥），匀撒在新建园种植区土层上，并用挖土机或耕田机将浅层30厘米左右的土与腐熟有机肥翻耕均匀，然后根据株行距，用石灰画好种植线，以此为中轴线将行间松土培在种植行上做垄，确保种植垄面宽1~2米，丘陵梯田垄面窄一些，平面起垄宽一些，垄高50~60厘米，压实垄土，待过冬土壤沉实后于翌年开春前定植。

2. 挖沟起垄

按照传统方法，按照株行距在画好定植线的基础上开挖深30~40厘米、宽100厘米的沟，底层放20~30厘米厚的粗纤维有机质（如杂草等），然后压上新土，再在其上填用备好的有机肥与熟土充分混匀的基质，直至高出地面20~30厘米为止。当土壤沉实后，再将旁边的浅层熟土培在垄上，确保垄高20~30厘米，垄宽100厘米。

3. 边种边扩垄

由于刚定植的苗比较小，因此可以先起一个小垄（垄宽50厘米、垄高30~50厘米），以后随着树冠的长大和吸收根外延，在原垄的外缘结合秋施基肥顺垄将行间熟土培于原垄旁边，使新垄面与原垄面相平，以后随着树冠的扩大，每年扩垄1次，直至垄宽达到预期宽度（100~200厘米）为止。

二、定植

按照株距要求垄中央定点，将果苗栽植于垄中央，并浇足定植水，定植时间和方式同普通栽植。春栽在2月下旬至3月下旬进行，秋栽以9月上旬至10月下旬为宜，容器苗和根系带土的健壮苗在春季、夏季、秋季均可栽植，栽植株距2~3米，定植后用稻草等秸秆或杂草覆盖10~20厘米厚，或将树盘覆盖地膜等以便提温保湿，早生根。

三、起垄栽植田间管理

起垄栽植的病虫害防治与普通栽培相同，由于起垄栽植提高了田间通风透光条件，矮化了树体，因此田间管理相对要比普通栽培更简便。起垄栽植后，主张垄间间种一些矮秆植物，如豆科和禾本科植物（白花苜蓿、紫花苜蓿、藿香蓟、百喜草、黑麦草等优质牧草或绿肥）。垄上结合覆草和覆膜措施，灌溉提倡喷灌、滴灌、渗灌给水，可以沿每行铺设一条管道，每株树有三四个滴头。如果没有滴灌条件，必要时可以在垄上沿垄行方向挖一个浅沟，采用水管注水进行沟灌，也可以采用穴贮肥水技术，即在株间两侧分别挖30厘米×40厘米×40厘米（长×宽×深）的坑，垂直放入用水稻秸秆等绑成的草把，然后填土作为贮水坑，浇水肥时穴坑浇满即可。施肥采用株间穴施或垄上行间沟施比较合适，注意施肥深度最好在40厘米左右，施入后再将垄台修整好即可。

柑橘起垄栽植已成为精品柑橘生产的一项关键技术，在控水增糖方面发挥十分重要的作用。但是若柑橘起垄栽植出现一些技术问题，如起垄过程中采用单株起垄且起垄面积过小（不到1.2

米)，则会导致垄的保水保肥能力弱，经常会出现抽梢期因土壤保水能力不足而影响幼苗生长势。在沙质土壤建园采用抬高栽培技术应充分考虑土壤保肥能力，措施不力很容易造成肥水流失，影响树体结果能力。在单株起垄或起垄宽度不够时，导致施肥面积不足，施肥操作非常不方便。因此，应用起垄栽植技术过程中，应充分考虑以下几个因素。

果园气象条件。对于降水量少，特别是常常出现秋旱的地区，如果地下水位不高、土层深度足够，不建议采用抬高栽培；抬高栽培过程中应充分考虑果园灌溉系统的配套，特别是常有伏旱出现的地区，应高度重视抬高加重旱情这个因素；垄的质量必须得到保证，垄面过小或过低都达不到起垄栽植的理想效果，相反会增加管理上的难度。因此，强烈建议垄面宽度至少 1.5 米以上；必须重视绿肥种植和生草覆盖两项技术在起垄栽植技术上的配套使用，同时改进施肥方式，增加水肥和叶面肥的施用技术。

第四章 柑橘土肥水管理

第一节 土壤管理

柑橘果树生长、发育需要良好的土壤条件，只有在土层深厚、土质疏松、有机质丰富、既能通气又能保持一定湿度的微酸性土壤种植才能获得优质丰产。

一、土壤管理

柑橘是多年生常绿果树，且具强大根系，在土壤中分布深广密集，因此要求土壤深厚肥沃。我国柑橘大都栽培在丘陵山地。这些丘陵山地的土层浅薄，或土壤不熟化，肥力低，远不能满足柑橘正常生长发育对水分和养分的要求。柑橘园土壤管理，就是不断改良土壤，熟化土壤，提高土壤肥力，创造有利柑橘生长的水、肥、气、热条件。培肥土壤最有效的方法是多施有机肥，种植埋压绿肥，深翻、中耕、培土，对酸性土施石灰，都有助于提高土壤肥力。

1. 柑橘根系

根群在树冠外围滴水线附近及垂直向下的地方分布较为稠密。许多砧木侧根、须根较为发达，横向分布较树冠大1~3倍。距地表10~60厘米土壤中的根量，占总根量的90%左右。根系分布的深度，取决于土壤透性、地下水位高低和砧木种类。如甜橙、柚等，主根粗长，深达1~3米，侧根多。枳和橘类主根较短，深1米左右，侧根也多。土壤透气差或地下水位高的园地，

柑橘主、侧根生长受到限制。

为使根系迅速形成根群，必须满足根系所需的营养、土温、湿度和氧气等条件。大多数柑橘品种在气温25~28℃，土温24~30℃，土壤含氧2%以上，根系生长最活跃。在此时期，增施有机肥，增强土壤团粒结构，适时灌水，保持土壤一定湿度（含水量18%~20%），根系迅速形成根群，有利树冠和果实的生长发育。同时根系生长和地上部分生长常交替进行，地上部分旺长期，根系生长缓慢；而根系旺长期，地上部生长缓慢。

2. 中耕及半免耕

我国柑橘产区主要分布在温暖、湿润、雨水多的地区，柑橘园易生杂草，消耗土壤水分、养分，同时杂草又是病虫潜伏的场所，因此适时中耕可以克服上述弊端。中耕，全年4~6次。一般雨后适时中耕，使土壤疏松，有助于形成土壤团粒结构，减少水分蒸发，降雨时有利于水分渗入土内，减少地表水分流失。中耕改善了土壤通气条件，有利于土壤微生物的活动，加速有机质的分解，为柑橘提供更多的有效养分。大雨、暴雨前不宜中耕，否则易造成表土流失。为了防止水土流失，采用种植绿肥与中耕相结合的办法较为合理。

半免耕，即柑橘园株间中耕，行间生草或间作绿肥不中耕。幼龄柑橘园如为计划密植，株距窄而行距宽，株间浅耕，保持土壤疏松，而行间生草或间作绿肥不中耕，有利于保持水土和改善土壤结构，而且可节省劳力。

3. 间作与生草

柑橘园间作主要间作不同品种的绿肥。我国绿肥主要按季节分为夏季绿肥和冬季绿肥，而且以豆科作物为主。夏季绿肥有印度豇豆、绿豆、猪屎豆、竹豆、狗爪豆等；冬季绿肥有紫云英、蚕豆、肥田萝卜。在柑橘园背壁或附近空地，常种多年生绿肥，如紫穗槐、商陆等。

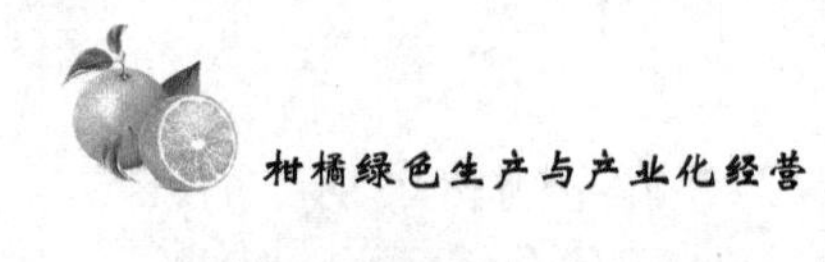

此外，树冠下不间作绿肥，幼树留出 1～1.5 米的树盘不种绿肥，柑橘园不间作高秆及缠绕性作物，如玉米、豇豆等。

柑橘园生草栽培，即在柑橘树的行间或树盘外生长草本植物，覆盖柑橘园地表，其实质是一种土壤管理方法，能有效改善园地生态环境。生草栽培分自然生草栽培和人工生草栽培。

自然生草栽培是铲除果园内的深根、高秆和其他恶性杂草，选留浅根、矮生、与柑橘无共生性病虫害的良性草自然生长，使其覆盖地表，不另行人工播种栽草，但对草应适当管护，除掉离树冠滴水线外 20～30 厘米以内的草，以减少草与柑橘争夺肥水。在草旺盛生长季节割草，控制草的高度，在高温季节来临之前割草用作树盘覆盖。果实成熟期控制草生长，以利果实成熟和改善品质。

人工种草栽培是在柑橘园播种适合当地土壤气候的草种，使其既能抑制杂草生长，又不与柑橘生长争肥水。

生草栽培的关键是选择适宜的草种。按柑橘根系生长的特点，6—9 月是旺长时期，理想的草种是 10 月发芽，5 月停止生长，6 月下旬草枯而作为敷草。目前最适宜的草种，为意大利多花黑麦草。其特点是 1 年生牧草，不择地，喜酸性，耐湿，残草多，春天生长快而茂盛，很快覆盖全园，7 月中旬枯萎，9 月种子自行散落，下一代自然生长。

生草栽培对土壤具有保护作用，可防止水土流失，增加土壤有机质，促进土壤团粒结构的形成，增强土壤通透性，节省耕作劳力。

4. 深翻结合施有机肥

深翻可改善土壤结构，使透气性良好，有利于柑橘根系呼吸和生长发育，并把根系引向深处，充分利用土壤水分和养分。深翻通气良好，有利于有机质的分解，可使难于吸收的养料转化为可吸收的养料。由于通气的氧化作用，可消除土壤中的有毒有害

物质，如硫化氢、沼气、一氧化碳等。深翻增强土壤保水保肥能力，减少病虫害的发生。深翻必须结合施有机肥，才有改良土壤、提高土壤肥力的效果，否则只能暂时改善一下土壤的物理特性。

5. 覆盖和培土

（1）覆盖。土壤覆盖分全园覆盖和局部覆盖（即树盘覆盖），或全年覆盖和夏季覆盖。由于夏季伏旱严重，着重介绍夏季（7—10 月）树盘覆盖。覆盖材料绿肥、山青草、树叶、稻草等均可。覆盖厚度 10~20 厘米，依材料多少而定，距树干 10 厘米的范围不覆盖。覆盖结束，将半腐烂物翻入土中。

覆盖有很多好处，增加土壤有机质，使土壤疏松，透气性良好，减少水分蒸发和病虫的滋生，有利于土壤微生物的活动，1 克表土可含微生物 3 亿~6 亿个。可稳定土温，在高温伏旱期，降低地温 6~15℃，冬季升高土温 1~3℃，可缩小季节和昼夜上下土层间的温差，以利于柑橘根系吸收土壤中的水分和养分。有利于柑橘的生长发育，可增加产量、改善品质。

（2）培土。培土可增厚土层，培肥地力。尤其土层浅薄的丘陵山地柑橘园，水土流失严重，根系裸露，应注意培土。培土应按土质而定，黏土培沙土，沙土培黏土。柑橘园附近选择肥沃的土壤培土，既可增加耕作层的厚度，也能起到施肥的作用，对柑橘生长有良好的效果。

培土时间，宜在冬季。培土前先中耕松土，然后培入山土、沙泥、塘泥等，一般培土厚度 10~15 厘米，每隔 1~2 年培土 1 次。大面积培土困难，可分期分批培土。三峡库区实施移土培肥工程，将要被水淹没的肥土上移至土壤瘠薄的柑橘园，以增厚培肥柑橘园的土壤。

二、土壤改良

土壤的根本问题是熟化问题。我国柑橘栽培不少在丘陵山地，土壤肥力低。土质差，黏重板结，偏酸偏碱，土层浅薄(有的土壤实为母质)，土壤含钙高，对柑橘的生长发育都不十分理想，因此必须改良。

柑橘是多年生常绿果树，为了柑橘丰产优质，在果树上山前必须采用各种措施，改良土壤，熟化土壤，提高土壤肥力，为柑橘丰产优质打下良好的土壤基础。

1. 柑橘园的土壤熟化

新开辟的丘陵山地柑橘园，应改良土壤，大量施用有机肥，每亩施 5 000 千克，对酸性土还应施适当的石灰，调节土壤 pH 值，坚持不改土不定植柑橘苗。

已种植柑橘土壤不熟化的低产园，应针对不同低产原因合理改良土壤。一般柑橘园土壤的耕作层浅薄，有的丘陵山地柑橘园土壤，处于幼年土发育阶段，土层浅薄，深 30 厘米左右即为母岩（岩石)，实难满足柑橘生长的要求。应采用深沟扩穴，爆破改土，加深土层，大量施有机肥，熟化耕作层。坚持不断改土，使熟化的土壤耕作层在 60 厘米以上，以利柑橘的正常生长发育。

2. 红壤柑橘园土壤改良

由于红壤瘦、黏、酸和水土流失严重，远不能满足柑橘生长发育的要求，造成柑橘生长缓慢，结果晚，产量低，品质差，甚至无收。红壤土培肥改良可实施 5 项措施。一是修筑等高梯田，壕沟或大穴定植；二是柑橘园种植绿肥，以园养园，培肥土壤；三是深翻改土，逐年扩穴，增施有机肥，施适量石灰，降低土壤酸性；四是建立水利设施，做到能排能灌；五是及时中耕，疏松土壤，夏季进行树盘覆盖。

3. 酸性土柑橘园土壤改良

柑橘是喜酸性植物，适宜 pH 值 5.5~6.5。对 pH 值过低，酸性过强的土壤（如 pH 值 4.5 以下），不仅不适宜柑橘生长，而且铝离子的活性强，对柑橘根系有毒害作用。因此，必须施石灰改良，降低过量酸及铝离子对柑橘的为害。石灰使铝离子沉淀，克服铝离子对根系的毒害。一般亩施石灰 25~50 千克。

4. 黏重土柑橘园土壤改良

黏重土壤由于含黏粒高、孔隙度小，透水、透气性差，但保水保肥力较强。重黏土（含黏粒 90%以上）收缩大，干旱易龟裂，使根断裂，并暴露于空气中。湿时不易排水，易引起根腐。因此，不利柑橘生长发育。此类土壤应掺沙改土，深沟排水，深埋有机物，多施有机肥，经常中耕松土，改善土壤结构，增强土壤透水、透气能力。

5. 柑橘园土壤老化及防止措施

柑橘园土壤老化的原因主要为 3 个方面。其一，柑橘园坡度倾斜大，耕作不当，水土流失严重，使耕作层浅化；其二，长期大量施用生理酸性肥料，如硫酸铵等，引起土壤酸化；其三，长期栽培柑橘，土壤中积聚了某些有害离子和侵害柑橘的病虫害，因而使土壤肥力及生态环境严重衰退恶化，不适宜柑橘生长。

防止柑橘园土壤老化措施：一是做好水土保持，在柑橘园上方，修筑拦水沟，拦截柑橘园外天然水源。柑橘园内修建背沟、沉砂池、蓄水池等排灌系统。保护梯壁，梯壁可自然生草，也可人工栽培绿肥，梯壁的生草和绿肥宜割不宜铲。柑橘园间作绿肥和树盘覆盖等，都有利于减少土壤水土流失。二是多施有机肥，合理施用化肥，特别是要针对不同土壤，合理施用酸性肥料，以免造成土壤酸化。三是深翻，加强土壤通气，可消除部分有毒有害离子，还可消除某些病虫害对柑橘的侵害。

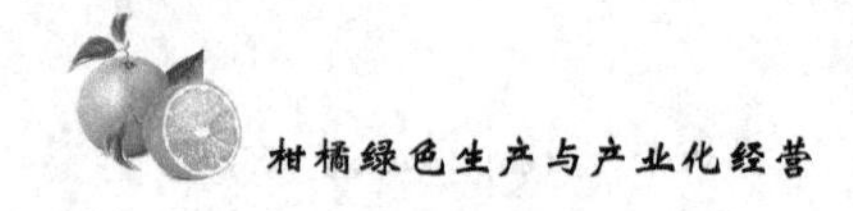

三、生草栽培技术

果园生草法是一项新的果树高品质栽培的土壤管理方式，广义的果园生草包括全园生草、行间生草和株间生草几种形式。而狭义的果园生草主要是指在果树行间人工种植或自然生草的一种土壤管理方式。果园所种植的草，一方面可以作为绿肥以增加土壤的有机质，也可以刈割覆盖进行保墒，或者用于放牧或作为饲料原料等。果园生草栽培技术是以果树生产为中心、遵循“整体、协调、循环、再生”的生态农业基本原理，借助生态学、生态经济学及相关学科的研究成果，把果树生产视为一个开放型生产系统及若干个相互联系的微系统，其栽培措施不仅针对果树生产本身，还需考虑果园的草本、动物和土壤微生物及其相互作用的共生关系，充分利用果园生态系统内的光、温、水、气、养分及生物资源保护系统的多样性、稳定性，改善系统环境，创造合理生态经济框架，形成多级多层次提效增值结构，建立一个投入少、效能高、抑制环境污染和地力退化的可持续发展果园生产体系。目前，欧美及日本等国家与地区的果园实施生草栽培。果园生草具有实施果园固土保墒、增加土壤有机质与土壤肥力、抑制杂草、美化环境以及提高果实品质等作用。

柑橘园生草法栽培技术要点如下。

（一）草种选择

目前，人工种植的优良生草有百喜草、藿香蓟、黑麦草、光叶紫花苕子、紫云英、蚕豆、印度豇豆、三叶草、马唐草、紫花苜蓿等。

柑橘种植区域辽阔，不同地区气候、土壤条件差异很大。因此，各地应针对自己的实际情况选择适宜的草种。一般来说，红黄壤地区土壤瘠薄偏酸性，春夏多雨水，土壤流失严重；夏秋高温干旱，因此应选择耐瘠薄、耐高温干旱、水土保持效果好，适

于酸性土壤生长的草种，如百喜草、藿香蓟和黑麦草等，但是沙性土壤则可选用马唐。此外，提倡两种或多种草混种，特别是豆科草和禾本科草混种，这样可利用它们的互补特性，既能够充分利用土壤空间和光热资源，提高鲜草产量，又可以增强群体适应性、抗逆性。

（二）柑橘生草栽培的技术要点

1. 主张集中育苗后移栽技术

主张集中育苗后移栽技术，不仅方便草的培育和管理，提高草苗繁育成功率，而且可以有效提高土地综合利用效率。苗木移栽后要根据墒情灌水并注意及时补苗，可随灌水施些氮肥（每亩尿素 4~5 千克），及时去除杂草，特别注意及时去除那些容易长高大的杂草。

2. 生草栽培主张在行间种植

生草栽培主张在行间种植，严禁株间种植，行间种植离种植植株 0.5~1.0 米。

3. 新栽柑橘园生草栽培要点

若是新栽柑橘园进行生草栽培，则种植柑橘主张起垄栽植，而生草则在垄两边种植。

4. 采用刈割草实行生草栽培的技术要点

主张采用刈割草，限制使用除草剂。行生草栽培的柑橘园，在果实生长的中后期即 8 月下旬开始，对自然生草园可进行人工刈割覆盖；人工生草园种子成熟脱落后可在离地面 10 厘米处进行全部刈割后覆盖于树盘或堆沤作绿肥用，螨类天敌寄主植物藿香蓟可挂到枝丫上，让专门捕食螨类的益虫上树捕食螨类害虫。

5. 混合栽种

由于不同草改善土壤肥力的侧重点不同，如豆科植物具有固氮性能和较强富集钾的能力，分解腐烂快，能较快地补充土壤有效氮素；禾本科草分解腐烂相对较慢，且百喜草能提高土壤含水

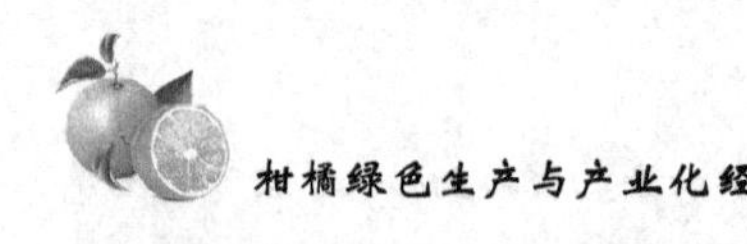

量，提高土壤容重和 pH 值，有利于土壤有机、无机复合胶体的形成，因此建议生草栽培时采用混栽，一般豆科类占 60%~70%，禾本科类占 30%~40%。

和其他果树生草栽培一样，柑橘园的生草栽培就是在柑橘的行间种植一定数量的豆科、禾本科类植物或牧草，亦可自然生草，并对生草进行施肥、灌水等管理，等草生长到 30 厘米时进行分期刈割，掩埋在树盘下进行保墒，年年反复进行。柑橘园生草栽培技术在改善橘园微环境，适度提高土壤的 pH 值，增加土壤有机质含量，改善土壤理化性质，提高土壤保水蓄水能力，提高果实品质和产量，改良果园生态环境及省工省力栽培等方面具有重要作用。

（1）促进柑橘生长，显著提高果品产量和质量。

（2）改良土壤结构，持续提高土壤的有机质含量及肥力，减少化肥投入。

（3）防止水土流失，保肥、保水、抗旱。

（4）提高柑橘园生物防治能力，减少农药使用量，防止病虫害侵袭。

（5）调节地温，促进柑橘维持正常的生理活动。

若种植不当，橘园生草栽培也存在着草的生长与果树争夺光照和肥料，不利果树根系向深层发展的问题。因此，采取科学的生草栽培方法，正确选择草种，做好生草栽培管理等能减少橘园生草的负面影响，使生草栽培的有益效果得到充分发挥。目前适合南方果树种植的绿肥作物品种主要有豆科绿肥作物，如紫云英、苕子、毛蔓豆、决明、假绿豆、蝴蝶豆、蓝花豆、豌豆、田菁、印度豇豆等；十字花科绿肥作物如肥田萝卜、茹菜、满园花、油菜等，以及禾本科类绿肥作物如百喜草、马唐等。作为绿肥，需要合理施用，适时收割和翻压，发挥绿肥最大的效应。一般而言，绿肥过早翻压，产量低，植株过分幼嫩，压青后分解过

快，肥效短；翻压过迟，绿肥植株老化，养分多转移到种子中，茎叶养分含量较低，而且茎叶碳氮比大，在土壤中不易分解，降低肥效。总体来看，豆科绿肥植株适宜的翻压时间为盛花至谢花期，禾本科绿肥植株最好在抽穗期翻压，十字花科绿肥植株最好在上花下荚期。对于柑橘而言，种植绿肥必须遵循“树盘不种，树盘外种植”的原则，春播绿肥等一般可以在6月中旬和8月中旬刈割两次进行树盘覆盖，而秋播绿肥可以施基肥或土壤深翻进行压青，压青时适当施石灰以加速腐烂。

第二节　肥料管理

一、柑橘所需的营养元素

柑橘作物体含31种元素。在这31种元素中，只有16种是柑橘果树生长发育必需的营养元素。柑橘果树必需的16种营养素中，碳、氢、氧3种元素来源于空气和水，其他13种元素必须靠施肥不断地补充。人们根据柑橘对这13种元素需要量的多少，将氮、磷、钾称为大量元素或三要素，而钙、镁、硫需要量较少，叫中量元素，后七种元素则称为微量元素。其主要作用分别如下。

1. 氮（N）

树体中有机化合物的组成元素。可促进营养生长，延迟衰老，提高光合效能，增进品质，提高产量。氮过剩，则引起枝叶徒长，影响根系生长及花芽分化，落花落果严重，降低产量、品质及果树抗逆性。氮过少，则叶黄枝少，新梢细，开花不整齐，落花落果严重，根系不发达，树体衰弱，产量低，品质差。

2. 磷（P）

细胞分裂活动必要的营养元素。能增强柑橘树的生命力，促

进花芽分化、果实发育、种子成熟、新根发生和生长，增进品质，提高根系吸收能力和抗旱、抗寒能力。磷不足时，上述磷的作用受到明显影响。磷过多时会抑制氮、钾、铁和锌的吸收。磷集中分布在生命活动最旺盛的器官。

3. 钾（K）

促进糖类合成和促进糖向果实移动，起着“泵”的作用。可提高果实品质和耐贮性，促进加粗生长，提高抗旱、抗寒、耐高温和抗病虫能力。钾不足，可引起碳水化合物和氮的代谢紊，叶小，新梢细，果小，易裂果、落果，味酸，抗逆性差。钾过多，会影响氮、镁、钙的吸收。

4. 钙（Ca）

细胞壁的组成成分，防止细胞和细胞中的物质外渗，在果树体内起着平衡生理活性的作用。适量的钙可减轻钾、钠、氢、锰、铝等离子的毒害作用。缺钙时，新根短粗、弯曲，叶小，易枯枝，枯花。钙过多时，土壤板结，易出现缺素症。

5. 镁（Mg）

叶绿素的中心元素，促进磷酸移动。可促进果实肥大，增进品质。缺镁时，叶片失绿，品质降低。

6. 硫（S）

蛋白质、氨基酸、维生素和酶组成成分。促进氧化还原、生长调节，参与叶绿素形成和糖类的代谢。

7. 铁（Fe）

铁是参与植物有氧呼吸酶类的组成成分，对叶绿素的形成必不可少。

8. 锰（Mn）

酶的活化剂，叶绿体的组成成分。在叶绿素合成中起催化作用。

9. 锌（Zn）

碳酸酐酶组成成分，促进碳酸的分解，增强光合作用，参与生长激素先驱物质色氨酸的形成。在叶绿素合成中不可缺少。

10. 铜（Cu）

植物体内多种氧化酶的组成成分。叶绿素的形成必不可少。

11. 钼（Mo）

硝酸还原酶的组成成分。参与维生素 C 的形成，促进花粉发芽、花粉管生长和子房发育。

12. 硼（B）

参与水分、糖类及氮素代谢和细胞膜果胶形成。

13. 氯（Cl）

参与光合作用、淀粉、纤维素、木质素的合成，影响氮、磷、钾、钙、镁等的吸收促进果实成熟。

柑橘生长发育不仅需要多种营养元素，而且要求营养元素间的比例平衡。营养元素间的比例关系有两种主要形式：相助作用和拮抗作用。当一元素增加，对另一些元素的吸收随之增加的称相助作用，如氮、钙和镁之间有相助作用；相反则称拮抗作用，如氮与钾、硼、铜、锌；磷与钾、镁、铁；钾与钙、镁；钙与硼。

二、柑橘测土配方施肥

柑橘测土配方施肥，就是以柑橘园土壤测试和肥料田间试验为基础，根据柑橘需肥规律、土壤供肥性能和肥料效应，在合理施用有机肥料的基础上，提出氮、磷、钾及中、微量元素等肥料的施用数量、施用时期和施用方法。柑橘测土配方施肥的一般步骤如下。

（一）田间调查

实际施肥时，除了根据肥料试验和土壤测试结果，还需要参考采土样点的土壤性状、柑橘树的施肥水平、病虫害防治等栽培管理措施等。这就要求开展细致的田间调查。调查方法利用 GPS 记录该地的地理坐标，同时判断土壤类型、土壤质地、灌排能力、地形部位和土壤厚度等，确定土壤障碍因素与土壤肥力水平及柑橘树品种、树龄、产量、施肥状况、病虫害防治和灌排情况。询问陪同取样调查的村组人员和地块所属农户等，并将调查结果统计汇总作为配方设计的参考指标。

（二）柑橘园土壤采样

土壤采样：一般在开春的 3 月初或者秋季采收后土壤封冻前进行。这时的土壤测试值可以用来指导随后的施肥。采样的原则是随机、多点、覆盖整个柑橘园。具体方法是对于柑橘树在每一个柑橘园选取不少于 10 个点（以每棵树为一个点，随机选“X”形或“S”形分布于柑橘园），对每一个点取样。一般而言，在柑橘树滴水线（树冠投影线）周围 30~40 厘米范围是根系密集分布区，也是柑橘树吸收养分的主要区域，因此土壤采样需要在该区域进行。在所选的每棵树的周围，在其滴水线内外各 30~40 厘米圆周范围，分 4 个方向采集 8 个点的土样，土样采集和制备时，普通土样用土钻垂直采集，微量元素土样的采集与普通土样同步进行，采样时避免使用铁、铜等金属器具。将全园 80 个点的土样混合为 1 个，风干后送实验室测定相关土壤指标。如果需要测定深层土壤的养分，则可用同样的方法采集 30~60 厘米土层土壤，土壤采样点应该与根系分布区一致。将采集来的土样装在清洁的塑料袋或布袋内，尽快送室内风干，风干后的土样及时进行粉碎、过筛，装入纸袋或玻璃瓶内干燥保存。

（三）柑橘园土样的室内化验

柑橘园土样的化验指标为酸碱度（pH 值），有机质，碱解氮、速效磷、速效钾、有效锌、有效硼、有效钼、有效铁等含量，土壤养分的测定方法，按照农业农村部颁发的《土壤分析

技术规范》进行。

土壤pH值：pH值是影响大多数土壤养分有效性的重要因素。柑橘生长的适宜土壤pH值为4.8～8.5，最适宜pH值为5.5～6.5。调节柑橘的pH值到柑橘树生长的合适范围内是确保柑橘正常生长和养分有效性，尤其是微量元素有效性的关键。

土壤有机质：土壤有机质不仅是衡量柑橘园土壤肥力的重要指标，也是柑橘高产、优质的基础。在有机质含量低的土壤上增施有机肥，实施种草、秸秆覆盖、秸秆深埋等是改善柑橘园土壤肥力，提高养分有效性的重要措施。

土壤氮素：氮素是柑橘生长必需的营养元素，氮素不足会造成减产，但过量施用氮肥会造成柑橘树抗病虫能力下降，易感病虫害，果实着色晚等。因此，柑橘园土壤氮素营养状况的判断，一方面要考虑土壤有效氮；另一方面要考虑土壤有机质含量。在不具备对柑橘园土壤进行经常性测试的条件下，通过有机质含量来推荐氮肥的施用量在测土配方施肥中有着重要的意义。

土壤速效磷、钾：土壤速效磷、钾含量是确定柑橘园磷、钾肥施用量的重要依据。各地都有相应的柑橘园土壤肥力分级指标，可以根据不同的土壤磷、钾含量，推荐不同的施肥量。

土壤中、微量元素包括土壤有效钙、镁、硫以及有效铁、锰、锌、钼、硼等。这些元素的供应不足不仅会影响柑橘的生长，而且还会对柑橘的产量和品质产生不利影响。通过多种途经改善土壤的理化性状，如增施有机肥，改变pH值使其维持在适宜范围之内是提高土壤中、微量元素有效性，预防中、微量元素缺乏的重要措施。

（四）不同柑橘园土壤测试值相应的柑橘树施肥原则确定及应用

1. 不同柑橘园土壤测试值相应磷肥和钾肥用量确定

土壤对磷、钾等元素的供应通常有很大的缓冲性，进入土壤后不像氮那样容易损失。因此磷肥和钾肥的施用量不要求非常精确，可以根据土壤有效磷、有效钾的测定结果并考虑作物磷、钾的带走量进行施肥。

一般而言，在不同肥力土壤上磷、钾肥推荐用量范围不同，从而使磷和钾含量较低的土壤能通过施肥在保证高产的同时不断提高磷钾养分含量，而中等肥力土壤上磷和钾养分含量能够通过施肥在保证产量的条件下得以维持，在高肥力土壤上则可根据土壤测试值在一定时期内减少肥料的施用量以避免肥料浪费和不必要地增加成本。

上述磷、钾施用的原则是建立在柑橘园土壤磷、钾养分分级指标体系基础之上的。当柑橘园土壤磷、钾养分分级指标体系建立后，需要进行柑橘园土壤测试。得到测试值后，柑橘树的磷肥和钾肥施用量可参照下述原则确定。新建柑橘园应根据测试值施用相应数量的磷肥和钾肥以使耕层土壤有效磷和钾的含量达到中等水平（深施）。自结果后第3~5年测定一次柑橘园土壤养分作为磷钾肥用量的确定依据：当柑橘园土壤磷、钾肥力指标极高时，可不施用相应肥料；当柑橘园土壤磷、钾肥力指标高时，可施用相当于柑橘树吸收量50%~100%的磷和钾肥料；当柑橘园土壤磷、钾肥力指标在中等范围时，可施用相当于柑橘树吸收量100%~200%的磷和钾肥料；当柑橘园土壤磷、钾肥力指标较低时，可施用相当于柑橘树吸收量200%~300%的磷和钾肥料。

2. 不同柑橘园土壤测试值相应的氮肥用量确定原则

氮肥的施用原则不同于磷肥和钾肥。在一定地区由于土壤、气候以及管理条件的不同，满足柑橘树生长的氮素需要量有很大差异。通过调查可知，当前我国柑橘树施肥管理上存在问题很多，这些问题主要集中在氮素营养管理上，即绝大多数柑橘园盲目和过量施用氮肥。因此，要以适产优质为目标，以氮素养分的管理为重点开展研究。土壤有效氮素含量受各种环境条件的影响

而变化很大，因此只有经常性的土壤有效氮的测试值才能作为氮肥用量推荐的依据。在柑橘园养分管理中根据土壤有机质含量水平结合目标产量进行氮肥用量的推荐是一种简单易行的方法。因此，氮肥用量确定的原则要通过试验研究确定不同有机质含量的土壤上达到目标产量所应施用的氮肥最佳量。

3. 不同柑橘园土壤测试值相应的中、微量元素用量确定原则

基本原则需要结合植株诊断进行，单凭土壤测试效果不理想。如果外观诊断表明有中、微量元素的缺乏，则应进行土壤有效养分的测试。如果土壤测试值也表明缺乏，则需要施用相应的肥料。若土壤测试值表明不缺，则有可能是其他因素造成的，需要从土壤环境如 pH 值及其他养分施用过量等因素来考虑相应的纠正方法。

（五）测土配方施肥通知单的制作与发放

根据检测结果和柑橘需肥特性，综合以往的田间试验数据和农民施肥经验确定施肥配方，并制成《测土配方施肥通知单》。《测土配方施肥通知单》的内容应包括：地址、农户姓名，具体田块的海拔高度，柑橘树的品种名称、树龄，土壤名称和所测定的各种理化性状，施肥措施等内容。按肥力情况基本相当的区域制定统一的《测土配方施肥通知单》以农户为单位发放。

（六）配方肥的生产

根据配方，可与肥料生产企业合作，开展配方肥的生产。柑橘配方肥常用的基础肥料，氮肥为硫酸铵、碳酸氢铵、尿素，磷肥为过磷酸钙、钙镁磷肥，钾肥为硫酸钾，复合肥为磷酸一铵、磷酸二铵，有机肥为腐熟的农家肥和商品有机肥。为了便于精确施肥，建议用颗粒磷铵、大颗粒尿素、颗粒硫酸钾、颗粒有机肥（膨浆造粒生产的）这 4 种肥料作配方肥的基础原料。

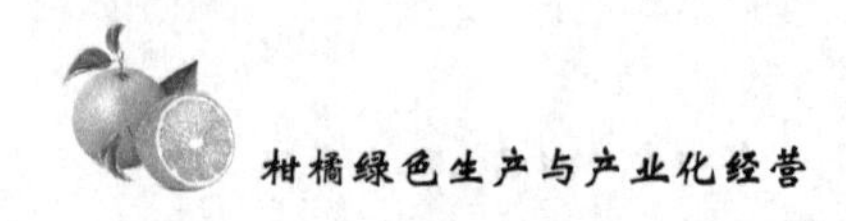

三、柑橘施肥方式和施肥时期

柑橘产区每年追肥 4~5 次，分为萌芽肥、稳果肥、壮果肥和还阳肥等。对于尚未结果的幼树，施肥时期应重点考虑春、夏、秋树梢生长对营养的需求，但是一般 9—10 月不宜追氮肥，以防促发晚秋梢。如果计划幼树下一年开始结果，其生长后期要适当增加磷、钾肥的施用比例。

（一）土壤施肥

根据柑橘的营养特性及农民的施肥习惯，土壤施肥重点施用 2 次，一次为壮果肥，湖北省柑橘产区施肥时期为 6 月下旬至 7 月上旬，用量占全年用量的 60%，肥料为腐熟的有机肥+柑橘配方肥（高氮，高钾型），或者施用中浓度有机—无机柑橘专用配方肥。另一次为还阳肥，湖北省柑橘产区施用时期为 10 月中旬至翌年 2 月上旬（依品种特性而定），用量占全年施肥量的 40%。肥料为腐熟的有机肥+柑橘配方肥（磷含量较高型），或者低浓度有机—无机柑橘专用配方肥。

土壤施肥应注意与灌水相结合，特别是干旱条件下，施肥后尽量及时灌水，以防局部土壤水溶液的肥料浓度过高而产生根系肥害，施肥后的灌水量宜小不宜大，水溶肥下渗到根系集中分布层为好。

土壤施肥的方式多种多样，常用的施肥方法有环状沟施、条状沟施、放射状沟施、全园撒施、灌溉施肥等。

（二）叶面施肥

由于柑橘挂果时间长需要养分多，仅靠土壤施肥难以满足其生长的需要，所以通过叶面施肥是补充柑橘营养的重要措施，尤其是中、微量元素的补充容易通过叶面施肥来完成。

常量元素（大量、中量元素）和微量元素均可喷施，复合肥也可喷施。常用肥料的喷施浓度为：尿素 0.3%~0.5%，硫酸

钾 0.3%~0.4%，硫酸锌 0.3%，磷酸铵 0.5%~0.8%，硫酸亚铁 0.3%，磷酸二氢钾 0.3%，硼砂 0.1%~0.3%。

根外追肥的最适宜温度为 18~25℃，以湿度较大为好，因而夏季的喷施时间最好是 10 时前或 16 时后，以防气温高，溶液浓缩快，产生肥害，影响吸收。

第三节 水分管理

一、柑橘灌水

（一）缺水诊断

如何确定是否需要灌溉，不能凭叶片外部萎蔫卷曲来判断，因为这时柑橘已受旱害，灌溉已经迟了。而且这种干旱的严重影响，对柑橘植株是不可逆的。因此，必须采用科学的方法测定。目前诊断柑橘缺水的方法主要有以下两种。

1. 经验法

在生产实践中可凭经验判断土壤含水量。如壤土和沙壤土，用手紧握形成土团，再挤压时土团不易碎裂，说明土壤湿度在最大持水量的 50%以上，一般不进行灌溉；如手捏松开后不能形成土团，轻轻挤压容易发生裂缝，证明水分含量少，及时灌溉。复秋干旱时期还可根据天气情况决定灌水时期，一般连续高温干旱 15 天以上即需开始灌溉，秋冬干旱可延续 20 天以上再开始灌溉。

2. 张力计法

一般可在柑橘园土层中埋两支张力计，一支埋深 60 厘米，另一支埋深 30 厘米。30 厘米张力计读数决定何时开始灌溉，60 厘米张力计读数回零时停止灌溉。当 30 厘米张力计读数达-15 千帕时开始滴灌，滴到 60 厘米张力计读数回零时为止。当用滴

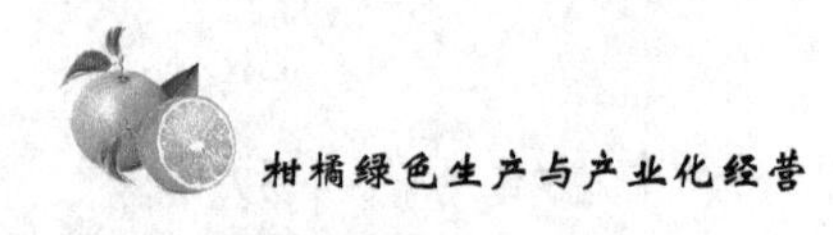

灌时，张力计埋在滴头的正下方。

（二）测定灌溉水定额

柑橘园的1次灌溉定额，可按下式计算：

灌水量（毫米）=1/100（田间持水量-灌水前土壤含水量）×土壤容量（克/厘米^3）×根系深度（毫米）

上面提到灌水前土壤含水量是60%的田间持水量时为灌水适宜期，所以上式可简化成：

灌水量（毫米）=1/100×0.4×田间持水量×土壤容重（克/厘米^3）×根系深度（毫米）

式中，灌水量（毫米）×2/3可以换算成每亩灌水体积数

从上式看出，不同土壤类型和不同根系分布深度，就有不同的灌水定额。对某一柑橘园，灌水前必须测定土壤的田间持水量，土壤容量和柑橘根系密集层的深度，在一定时间内测1次即可。

（三）灌溉方法

1. 浇灌

在水源不足或幼龄柑橘园，以及零星栽植的果园，可以挑水浇灌。方法简便易行，但费时费工。为了提高抗旱效果，每50升水加4~5千克人畜粪尿；为了防止蒸发，盖土后加草覆盖。浇水宜在早、晚时进行。

2. 沟灌

利用自然水源或机电提水，开沟引水灌溉。这种方法适宜于平坝及丘陵柑橘园。沿树冠滴水线开环状沟，在果树行间开一大沟，水从大沟流入环沟，逐株浸灌。台地可用背沟输水，灌后应适时覆土或松土，以减少地面蒸发。

3. 穴灌

穴灌是一部分根系灌溉，一部分根系不灌溉的一种节水灌溉方法。由于未灌溉（干旱）区域内根系的吸收受限制后，会诱

导产生干旱信号——脱落酸（ABA），脱落酸传输叶片，使叶片的气孔开度变小或关闭，从而减少水分蒸腾、消耗，达到节水目的。

方法是先在树冠滴水线附近挖灌水穴（小树1~2个，大树3~4个），穴深15~30厘米（沙质土浅，黏质土稍深），大小为每穴可灌水15~30升为宜，然后在穴内灌满水，待水渗入土壤后，往穴内填满杂草或作物秸秆；或将土壤回填到穴内，但不填满穴，并保持土壤疏松。多余土壤在穴四周筑一矮土墙，最好在其上覆盖一层杂草等，下次灌水可直接往穴内灌。穴灌，即使在干旱时，5~7天灌1次即可。穴灌须注意三点：一是挖穴时尽量避开大根，以免伤及；二是宜在凌晨或傍晚灌溉，结合其他抗旱措施效果更好；三是穴灌结合施肥，浓度不超过0.2%。

4. 喷灌

利用专门设施，将水送到柑橘园，喷到空中散成小雨滴，然后均匀地落下来，达到供水的目的。喷灌的优点是省工省水，不破坏土壤团粒结构，增产幅度大，不受地形限制。

喷灌的形式有三种，即固定式、半固定式和移动式，都可用作柑橘园喷灌。喷灌抗旱时，强度不宜过大，不能超过柑橘园土壤的水分渗吸速度，否则会造成水的径流损失和土壤流失。在背靠高山，上有水源可以利用的柑橘园，采用自压喷灌，可以大大节省投资及机械运行费。

5. 滴灌

滴灌又称滴水灌溉。利用低压管道系统，使灌溉水成滴地、缓慢地、经常不断地湿润根系的一种供水技术。

滴灌的优点是省水，可有效防止表面蒸发和深层渗漏，不破坏土壤结构，节约能源，省工，增产效果好。尤以保水差的砂土效果更好。滴灌不受地形地物限制，更适合水源小、地势有起伏的丘陵山地。

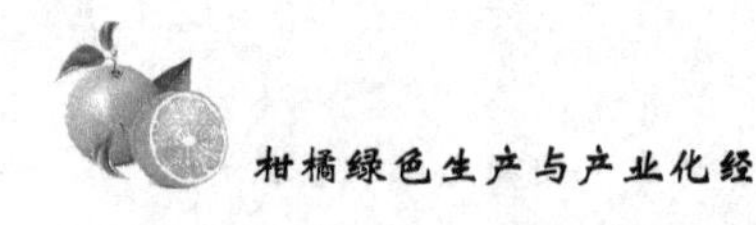

使用滴灌时，应在管道的首部安装过滤装置，或建立沉淀池，以免杂质堵塞管道。在山坡地为达到均匀滴水的目的，毛细管一定要沿等高线铺设。现将现代节水灌溉系统的组成、主要技术参数和使用注意事项简介如下。

现代节水灌溉系统由水泵、过滤系统、网管系统、施肥设备、网管安全保护设备、计算机系统、电磁阀和控制线、滴头与微喷头以及附属设施等组成。

水泵数量和分级扬程须根据水源分布、柑橘果园的面积相对高差与地形、地貌来确定和设置。一般单个系统控制面积为33.33公顷以下。

过滤系统通常分设3级，第一级为30目自动冲洗阀网式过滤器，第二级为自动反冲洗沙石过滤器，第三级为200目自动冲洗网式过滤器。经过3级过滤，可充分滤除水中的杂质。

网管系统由干管、支管和毛细管组成。干管为输水主管道，支管连接干管将水送到各片区和小区，毛细管系统树下铺设的小管道，滴头和微喷头安插在毛细管上，将水送到根系区。

施肥设备需具备流量控制和可编程序功能。

网管安全保护设备的首部需要设置能自动泄压、进气和排气的三功能阀。干管和支管在适度处设置自动进气、排气阀，并在适宜的位置安装大型调压阀，以消除地形落差引起的过高压力。在电磁阀和某些支管和适当位置，安装小型调压阀。

计算机系统每套控制面积为133.33公顷以上。它应自带灌溉程序、可编程序，具有中文界面，并且有温度传感器、湿度传感器和自动气象站的配套设备。

电磁阀最大流量为40米^3/时，能承受的压力在1.3兆帕以上，控制方式为线控。

滴头和微喷头全为压力补偿滴头或压力补偿微喷头，能使各滴头和微喷头在一定压力范围内的出水量大致相同。

自动节水灌溉系统的附属设施包括逆止阀、防波涌阀、水控蝶阀、水表和机房等。

自动节水灌溉系统的主要技术参数如下。

滴灌：灌水周期 1 天；最大允许灌水时间 20 时/天；毛细管数每行树 1 根；滴头间距 0.75 米，随树龄增大滴头可每树可由 1 个增加至 4 个；滴头流量≥3 升/时，土壤湿润比≥30%，工程适用率 90%以上；灌溉水利用系数 90%以上，灌溉均匀系数 90%以上；最大灌溉量：4 毫米/天。

微喷：灌溉周期 1 天；毛细管数每行树 1 根，每株树 1 个微喷头，最好为调式喷头；喷头流量≥3 升/分，土壤湿润比≥50%；工程适用率 90%以上；灌溉水利用系数 95%以上，灌溉均匀系数 95%以上；最大灌溉量：5 毫米/天。

二、柑橘排水

1. 平地柑橘园

河谷、水田、江边等地区，地势低平，建园时必须建立完整的排水系统，开筑大小沟渠。园内隔行开深沟，小沟通大沟，大沟通河流。深沟有利于降低水位和加速雨天排水，隔行深沟深度为 60~80 厘米，围沟深 1 米，每年需要进行维修，以防倒塌或淤塞。

2. 山地柑橘园

一般不存在涝害，只有山洪暴发，才有短暂的土壤积水过多，甚至冲毁果园台地。因此，应在柑橘园上方坡地开筑深、宽各 1 米的拦水沟，使洪水流入山洞峡谷。

三、灌溉水质

水源不同，水的质量也不一样。如地面径流水，常含有有机质和植物可利用的矿质元素；雨水含有较多的二氧化碳、氨

和硝酸；雪水中也含有较多的硝酸。据报道，在1升溶解的雪水中，硝酸的含量可达到2~7毫克，因此，这一类灌溉水对果树是十分有利的。河水，特别是山区河流，常携带大量悬浮物和泥沙，仍不失为一种好的灌溉水。来自高山的冰雪水和地下泉水，水温一般较低，需增温后使用。但灌溉水中，不应含有较多的有害盐类，一般认为，在灌水中所含有害可溶性盐类不应超过1~1.5克/千克。研究者推荐，把水中氯化物含量作为其含盐度指数。

四、柑橘水肥一体化技术

水肥一体化技术是指在水肥的供给过程中，最有效地实现水肥的同步供给，充分发挥两者的相互作用，在给作物提供水分的同时最大限度地发挥肥料的作用，实现水肥的同步供应。从广义上来说，水肥一体化技术就是水肥同时供应以满足作物生长发育需要，根系在吸收水分的同时吸收养分。从狭义来说，水肥一体化技术就是把肥料溶解在灌溉水中，由灌溉管道输送给田间每一株作物，以满足作物生长发育的需要。如通过喷灌及滴灌管道施肥。

在水肥一体化技术条件下，更加关注肥料的比例、浓度，而非施肥总量。因为水肥一体化中肥料是少量多次施用的。施肥是否充足，可以从枝梢质量、叶片外观做直观判断。如果发现肥料不足，可以随时增加肥料用量；如果发现肥料充足，也可以随时停止施肥。通常建议是“一梢三肥”，即在萌芽期、嫩梢期、梢老熟期前各施一次肥；果实发育阶段多次施肥，一般半月一次。

下表为某果园砂糖橘滴灌施肥方案，可供相应地区生产使用参考。

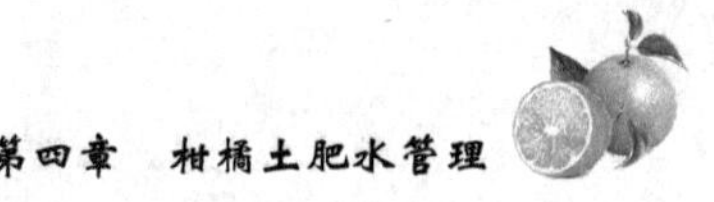

表 某果园砂糖橘滴灌施肥方案

生育时期	灌溉次数	灌溉定额[米³/(亩·次)]	每次灌溉加入的纯养分量(千克/亩)			
			N	P_2O_5	K_2O	$N+P_2O_5+K_2O$
花期	3	3	2.2	1.65	1.65	5.5
幼果期	3	3	2.64	1.98	1.98	6.6
生理落果期	3	5	1.85	1.45	3.30	6.6
果实膨大期	3	5	1.08	0.85	1.93	3.86
果实成熟期	1	4	1.54	1.21	2.75	5.5
合　计	13	52	24.85	19.0	29.3	73.15

应用说明：

(1) 冬季挖坑，可每株施腐熟有机肥 30~60 千克、硫酸镁 0.15 千克。

(2) 花期滴灌施肥 3 次，每亩每次施尿素 4.1 千克、工业级磷酸一铵 2.7 千克、硫酸钾 3.3 千克。幼果期滴灌施肥 3 次，每亩每次施尿素 4.9 千克、工业级磷酸一铵 3.2 千克、硫酸钾 4.0 千克。生理落果期滴灌施肥 3 次，每亩每次施尿素 3.3 千克、工业级磷酸一铵 2.4 千克、硫酸钾 6.6 千克。果实膨大期滴灌施肥 3 次，每亩每次施尿素 2.0 千克、工业级磷酸一铵 1.4 千克、硫酸钾 3.9 千克。果实成熟期滴灌施肥 1 次，每亩施尿素 2.8 千克、工业级磷酸一铵 2.0 千克、硫酸钾 5.5 千克。

(3) 叶面追肥。春梢萌芽期，叶面喷施 1 500 倍活力硼叶面肥；谢花保果期，叶面喷施 1 500 倍活力钙叶面肥；果实膨大期，叶面喷施 1 500 倍活力钙叶面肥 2 次，间隔期 20 天。

五、覆膜控水增糖技术

柑橘地表覆膜控水增糖技术是在柑橘发育或成熟的过程中，采用树盘覆银色反光膜、无纺布等措施，达到避雨控土壤水分、提高果实糖分含量目的的一种栽培管理技术。大量研究表明，覆膜虽然会增加成本（每亩增加约300元），但是覆膜后果实着色均匀，糖度提高1~2度，销售价格比普通果园高2.0元/千克，若亩产控制在3 000千克左右，亩均增加收入约5 000元。因此该技术目前已经成为一项值得推广的提质增效技术。

柑橘覆膜可以在果实发育膨火期或成熟期进行，最好选择具有水分只出不进特性的覆盖材料，也可以选择银黑反光膜等作为覆盖材料。在生产中进行覆膜的时候，可以在降雨后两三天进行。如果采用银黑反光膜，若降雨后立即覆膜，会导致覆膜后较长时间内土壤湿度较高，不利于产生土壤干旱胁迫。具体覆膜时，覆膜前要对园地进行清理和平整，保证覆膜后水分在膜上排水顺利和防止刺破覆盖材料，然后将膜覆盖在树冠下面，要确保树冠下所有土壤都被严密覆盖，膜与膜相交部位、膜与树主干接触部位要用宽胶带粘好。而在树冠下覆盖的边缘要用土等压实，防止被风吹起，防止雨水进入。在覆膜过程中需要经常检查覆膜情况，覆膜生产结束后要及时清理覆盖材料，一般覆盖材料可以使用2~4年。

柑橘的地表覆膜与北方的苹果、梨等的覆膜操作存在很大差异。与苹果、梨产区成熟期覆膜是为了增加树冠中下部的光照强度，促进果实着色等不同。柑橘的覆膜主要是通过于果实膨大期或成熟期覆膜，防止雨水进入土壤从而使土壤产生一定的轻度、中度干旱胁迫，进而通过渗透调控使渗透物质如脯氨酸、糖分或有机酸含量增加，因此，柑橘的地表覆膜主要是要保证土壤能够有效产生轻度、中度干旱胁迫。覆膜时，最好选

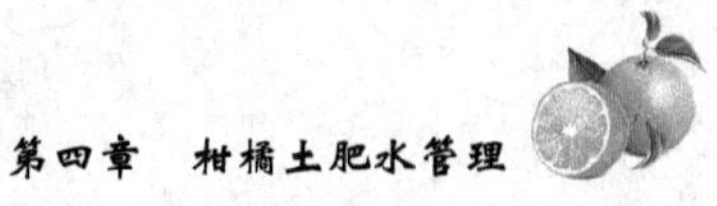
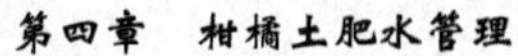

择能够防止雨水进入土壤，同时又能保证土壤中水分蒸发的覆盖材料，如无纺布。其次，可选用一般的具有防止水分进入土壤但不能保证土壤水分蒸发的覆盖材料，如银黑反光膜、普通地膜等。在覆膜过程中，要保证覆盖材料不会被刺破，同时一定要保证覆膜严密。

另外，若计划采用覆膜栽培措施，应该考虑改地平覆膜为沟垄覆膜，有利于覆膜排水，保证覆膜土壤处于适当干旱状态。

第五章 柑橘枝叶花果管理

第一节 枝叶管理

一、整形修剪

（一）整形修剪的原则

常规的整形是从幼苗开始的枝梢管理技术，修剪一般在植株结果以后开始。整形重在造就优质丰产的树形，修剪重在保持优质丰产的树形。近年来，整形修剪技术发展趋向省力化、简单化，甚至提出未结果的幼树不做整形修剪，任期自然生长，到结果后再行必要的整形修剪，称之“先乱后治”。这种“先乱后治”的方法，目的是让结果前的树尽可能多长枝叶扩大树冠而尽早投产，从省力、节本上考虑也属可行。整形修剪应掌握如下原则。

1. 因地制宜

不同气候带、不同地域，甚至山地和平地，整形修剪都有差异，南亚热带柑橘产区 1 年抽 4 次梢，北亚热带产区抽 2~3 次梢，土层深厚之地的植株比土层浅薄之地的植株高大，山地柑橘园比平地柑橘园光照要好，因此整形修剪要掌握因地制宜。

2. 因树制宜

不同品种（品系）、不同砧木、不同树龄、不同结果量和生长势，其整形修剪的方法有异。

3. 轻重得当

轻重得当，亦即抑促得当，长短兼顾。因为每一项修剪技术均会对植株的某些器官产生促进或抑制，且不同程度的在近期或远期出现反应。如对幼树多短截，可促进生长，增加分枝，加速树冠形成，虽抑制了成花，但能迅速成冠而早结果；成年结果树短截部分夏秋梢可刺激营养生长，虽然减少了翌年的花量，但可为第三年提供充足的预备枝，有利于持续丰产稳产。

4. 保叶透光

叶片是合成养分的器官，但过密会影响通风透光，进而影响光合作用。故修剪时应尽可能保持有效叶片，剪除无用枝，做到抽密留稀，上稀下密，外稀内密，使整个树冠光照充足，叶量适宜。

5. 立体结果

通过整形修剪，形成从内到外、从上到下都阳光充足，挂果累累的立体结果树形。

（二）整形修剪方法

1. 短截（短切、短剪）

将枝条剪去一部分，保留基部1段，称短截（图5-1）。短截能促进分枝，刺激剪口以下2~3个芽萌发壮枝，有利于树体营养生长。整形修剪中主要用来控制主干、大枝的长度，并通过选择剪口顶芽调节枝梢的抽生方位和强弱。短截枝条2/3以上为重度短截，抽发的新梢少，长势较强，成枝率也高。短截枝条1/2的为中度短截，萌发新梢量稍多，长势和成枝率中等。短截1/3的为轻度短截，抽生的新梢较多，但长势较弱。

2. 疏剪

将枝条从基部全部剪除，称为疏剪（图5-2）。通常用于剪除多余的密弱枝、丛生枝、徒长枝等。疏剪可改善留树枝梢的光照和营养分配，使其生长健壮，有利于开花结果。

图 5-1　短截

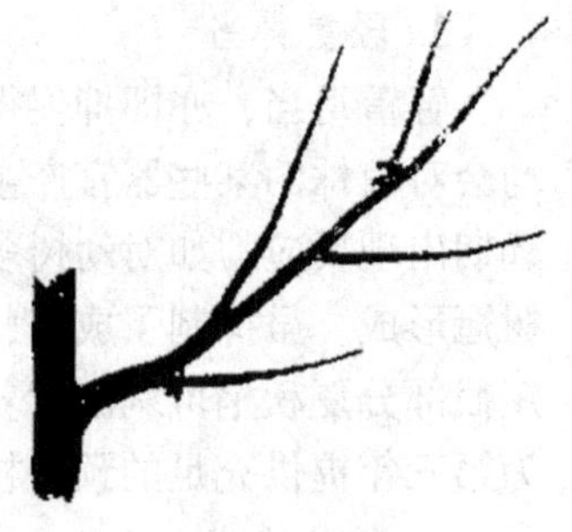

图 5-2　疏剪

3. 摘心

新梢抽生至停止生长前，摘除其先端部分，保留需要长度的称摘心（图 5-3）。作用相似于短截。摘心能限制新梢伸长生长，促进增粗生长，使枝梢组织发育充实。摘心后的新梢，先端芽也具顶端优势，可以抽生健壮分枝，并降低分枝高度。

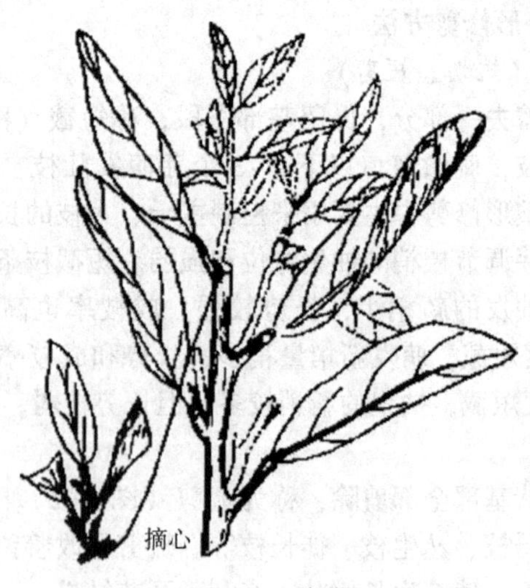

图 5-3　摘心

4. 回缩

回缩即剪去多年生枝组先端部分（图 5-4）。常用于更新树冠大枝或压缩树冠，防止交叉郁闭。回缩反应常与剪口处留下的剪口枝的强弱有关。回缩越重，剪口枝萌发力和生长量越强，更新复壮效果越好。

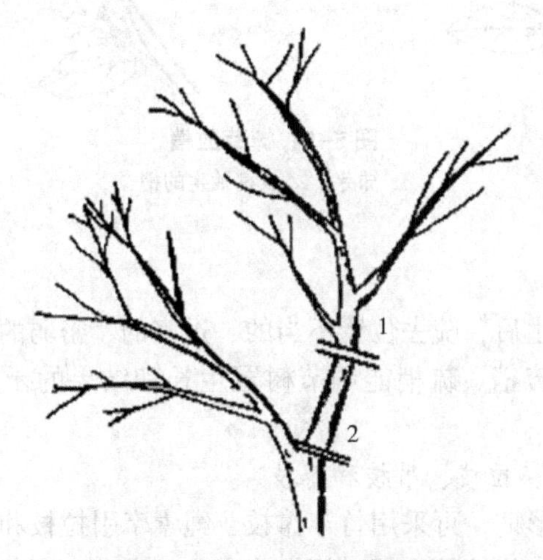

图 5-4　多年生枝的短截与回缩

1. 从分枝以上保留一段，剪去多年生枝，称多年生枝的短截

2. 从有分枝处剪去多年生枝，称回缩

5. 抹芽放梢

新梢萌发至 1～3 厘米长时，将嫩芽抹除，称抹芽，作用与疏剪相似。由于柑橘是复芽，零星抽生的主芽抹除后，可刺激副芽和附近其他芽萌发，抽出较多的新梢。反复抹除几次，到一定的时间不再抹除，让众多的萌芽同时抽生，称放梢。抹除结果树的夏芽可减少梢果矛盾，达到保果的目的，放出秋梢可培育成优良的结果母枝（图 5-5）。

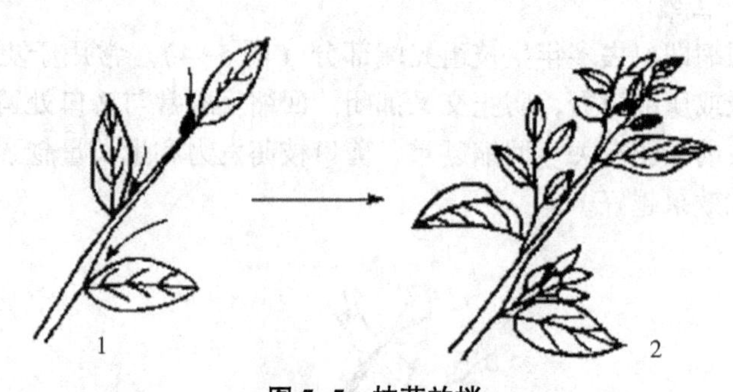

图 5-5　抹芽放梢

1. 抹芽　2. 放梢抽生的梢

6. 疏梢

新梢抽生后，疏去位置不当的、过多的、密弱的或生长过强的嫩梢，称疏梢。疏梢能调节树冠生长和结果的矛盾，提高坐果率。

7. 撑枝、拉枝、吊枝和缚枝

幼树整形期，可采用竹竿撑枝、绳索牵引拉枝和石块等重物吊枝等方法，将植株主枝、侧枝改变生长方向，调节骨干枝的分布和长势，培养树冠骨架。拉枝也能削弱大枝长势，促进花芽分化和结果。缚枝是将枝梢用塑料薄膜条活结缚在枝桩上，起扶正、促梢生长和防止枝条折裂的作用，常用于高接换种抽发枝梢的保护（图 5-6）。

8. 扭梢和揉梢

新抽生的直立枝、竞争枝或向内生长的临时性枝条，在半木质化时，于基部 3~5 厘米处，用手指捏紧，旋转 180°，伤及木质部及皮层的称扭梢（图 5-7）。用手将新梢从基部至顶部进行揉搓，只伤形成层，不伤木质部的称揉梢（图 5-8）。扭梢、揉梢都是损伤枝梢，其作用是阻碍养分运输，缓和生长，促进花芽

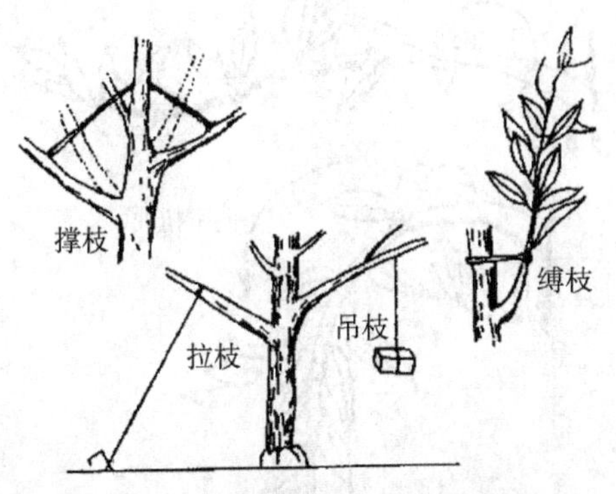

图 5-6 撑枝、拉枝、吊枝和缚枝

分化，提高坐果率。扭梢、揉梢，全年可进行，以生长季最宜，寒冬盛夏不宜进行。扭梢、揉梢用于柑橘不同品种，以温州蜜柑的效果最明显。此外，扭梢、揉梢的时间不同，效果也不同：春季可保花保果；夏季可促发早秋梢，缓和营养生长，促进开花结果；秋季可削弱植株的营养生长，积累养分，促进花芽分化，有利翌年丰产。

9. 环割

用利刀割断大枝或侧枝韧皮部（树皮部分）1 圈或几圈称环割。环割只割断韧皮部，不伤木质部，起暂时阻止养分下流，使碳水化合物在枝、叶中高浓度积累，以改变上部枝叶养分和激素平衡，促使花芽分化或保证幼果的发育，提高坐果率的作用。

环割促花主要用于幼树或适龄不开花的壮树，也可用于徒长性枝条。用于促进花芽分化时，中亚热带在 9 月中旬至 10 月下旬，南亚热带在 12 月下旬前后，在较强的大枝、侧枝基部环割 1~2 圈。用于保果则在谢花后，在结果较多的小枝群上进行环割。

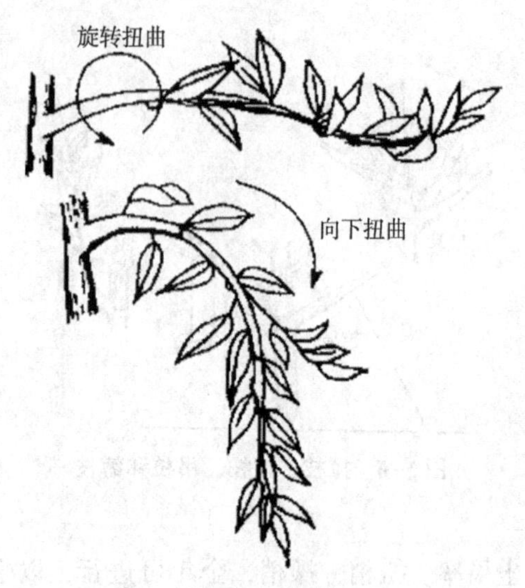

图 5-7　扭梢

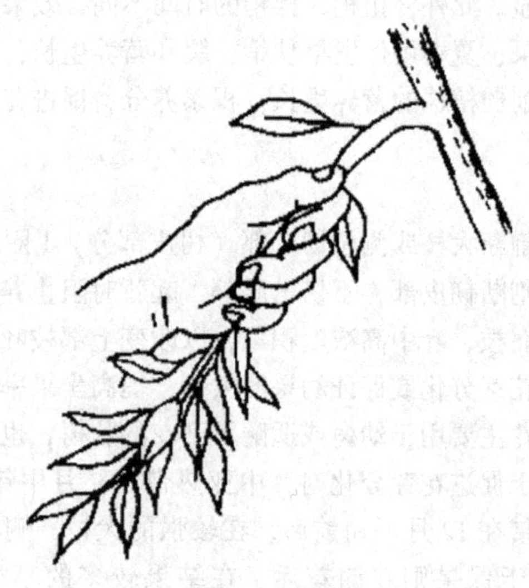

图 5-8　揉梢

10. 断根

秋季断根前，将生长旺盛的强树，挖开树冠滴水线处土层，切断 1~2 厘米粗的大根或侧根，削平伤口，施肥覆土，称断根。断根能暂时减少根系吸收能力，从而限制地上部生长势，有利于促进开花结果。断根也可用于根系衰退的树再更新根系。有的柑橘产区，有利用秋冬干旱，在 11—12 月将树冠下表层根系挖出“晾根”，待叶片微卷后施肥覆土，造成植株暂时生理干旱以促花芽分化，这种做法与断根作用相似。

11. 刻伤

幼树整形，树冠空缺处缺少主枝时，可在春季芽萌动前于空缺处选择 1 个隐芽，在芽的上方横刻 1 刀，深达木质部，有促进隐芽萌发的效果。在小老树（树未长大即衰老的树）或衰弱树主干或大枝上纵刻 1~3 刀，深达木质部，可促弱树长势增强。

（三）整形修剪的时期

柑橘整形通常从苗圃开始，逐年造型，并在以后不断维持和调整树冠骨架形态。修剪在 1 年中均可进行，但不同时期的生态条件和树体营养代谢以及器官生理状态不同，修剪的反应（效果）也有异。通常修剪分冬季修剪、春季修剪、夏季修剪和秋季修剪。

1. 冬季修剪

采果后至春季萌芽前进行。这时柑橘果树相对休眠，生长量少，生理活动减弱，修剪养分损失较少。冬季无冻害的柑橘产区，修剪越早，效果越好。有冻害的产区，可在春季气温回升转暖后至春梢抽生前进行。更新复壮的老树、弱树和重剪促梢的树，也可在春梢萌动抽发时回缩修剪，新梢抽生多而壮以达到好的复壮效果。

2. 春季修剪

即在春梢抽生现蕾后进行复剪、疏梢、疏蕾等，以调节春梢和花蕾、幼果的数量比例，防止春梢过旺生长而增加落花落果。此外，疏去部分强旺春梢，也可减少高温异常落果。

3. 夏季修剪

指初夏第二次生理落果前后的修剪。包括幼树抹芽放梢培育骨干枝，结果树抹夏梢保果，长梢摘心，老树更新以及拉枝、扭梢、揉梢等促花和疏果措施，达到保果、复壮和维持长势等的目的。

4. 秋季修剪

指定果后的修剪，主要是适时放梢、夏梢秋短等培育成花母枝以及环割、断根等促花芽分化和继续疏除多余果实，调整大小年产量，提高果实品质。

二、树体结构、树形

（一）树体结构

柑橘树体结构分别由地上部的主干、中心枝干、主枝和地下部主根（垂直根）、侧根（水平根）和须根等组成。

主干和中心主干、主枝等骨干枝是永久性的树体骨架。骨干枝上的枝组、小枝等要不断更新，为非永久性枝梢。

1. 主干

自根颈至第一主枝分枝点的部分叫主干。是树冠骨架枝干的主轴，上连树冠，下通根系，是树体上下交流的枢纽。主干的高度称干高。

2. 骨干枝

构成树冠的永久性大枝称骨干枝。可分为中心大枝、主枝、副主枝和侧枝。中心大枝是主干以上逐年延伸向上生长的中心主干。主枝是由中心主干上抽生培育出的大枝，从下向上依次排列称第一主枝、第二主枝……是树冠的主要骨架枝。主枝不宜太多，以免树冠内部、下部光照不良。副主枝是在主枝上选育配置

的大枝，每个主枝可配 2~4 个副主枝。侧枝是着生在副主枝上的大枝或大枝上暂时留用的大枝，起着支撑枝组和叶片、花果的作用。

主枝、副主枝和侧枝先端培育为延伸生长的枝条，均称为延长枝。

3. 枝组

着生在侧枝或副主枝上 5 年生以内的各级小枝组成的枝梢群称为枝组（也称枝序、枝群），是树冠绿叶层的组成部分。

（二）适宜树形

柑橘的各种树形都是由树体骨干枝的配置和调整形成的。树形必须适应品种、砧木的生长特性和栽培管理方式等的要求，并长期培育、保持其树形。

柑橘的树形可分为有中心主干形和无中心主干形 2 类。有中心主干形多在主干上按树形规范培育若干主枝、副主枝，如变则主干形；无中心主干形，一般在主干或中心主枝上培育几个主枝，主枝之间没有从属关系，比较集中，显得中心主干不甚明显，如自然开心形，多主枝放射形。

1. 变则主干形

干高 30~50 厘米，选留中心主干（类中央干），配置主枝 5~6 个，主枝间距 30~50 厘米，分枝角 45°左右，主枝间分布均匀或有层次。各主枝上配置副主枝或侧枝 3~4 个，分枝角 40°左右。变则主干形适宜于橙类、柚类、柠檬等（图 5–9）。

2. 自然开心形

干高 20~40 厘米，主枝 3~4 个，在主干上的分布错落有致。主枝分枝角 30°~50°，各主枝上配置副主枝 2~3 个，一般在第三主枝形成后，即将中心主干剪除或扭向一边做结果枝组。自然开心形适宜于温州蜜柑等（图 5–10）。

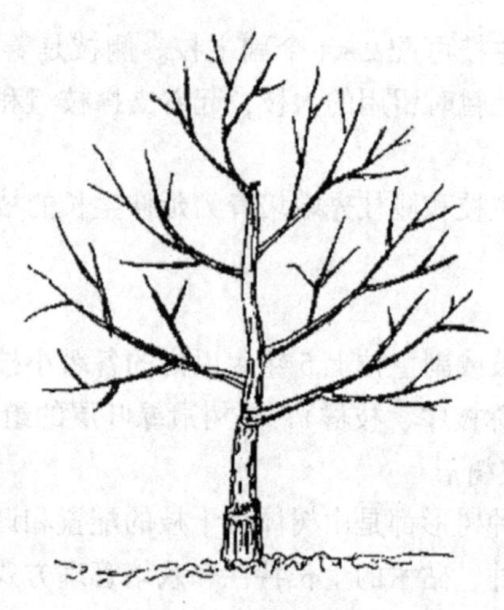

图 5-9　变则主干形

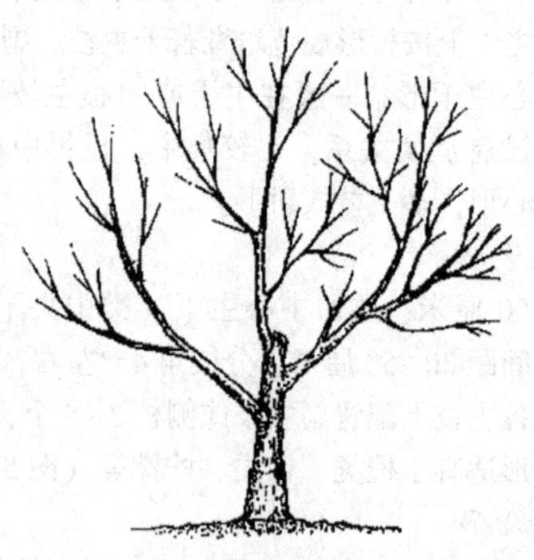

图 5-10　自然开心形

3. 多主枝放射形

干高 20~30 厘米，无中心主干。在主干上直接配置主枝 4~

6个，对主枝摘心或短截后，大多发生双叉分枝成为次级主枝(副主枝)。对各级骨干枝均采用短截、摘心、拉枝等方法，使树冠呈放射状向外延伸，多主枝放射形，适宜于丛生性较强的椪柑等（图5-11）。

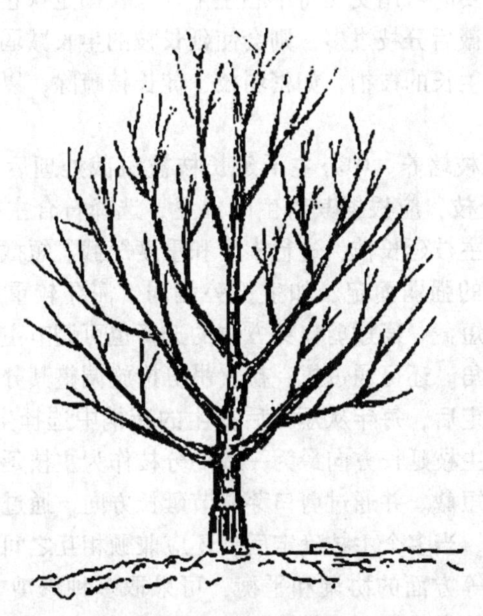

图5-11　多主枝放射形

(三) 树形培养

1. 变则主干形

变则主干形的整形，主要是通过对中心主干和各级主枝的选择和剪截处理而完成。

(1) 主干的培养。在嫁接苗夏梢停止生长时，自30~50厘米处短截，扶正苗木，这是定于。

(2) 中心主干的培养。定干后，通常在其上部可抽发5~6

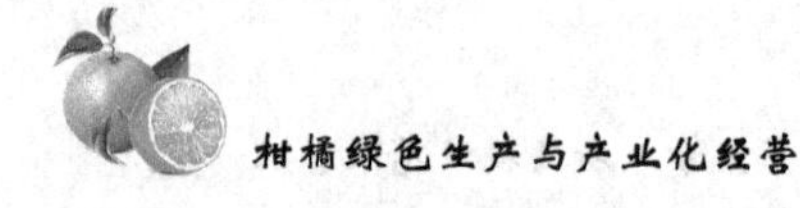

个分枝，其中顶端1枝较为直立和强旺，可选作中心主干的延长枝，冬剪时对延长枝进行中度或重度短截，以保持延长枝的生长势。由于柑橘新梢自剪的特性，中心主干延长枝的生长很易歪向一边。因此，在短截延长枝时应通过剪口芽来调整其延伸的方向和角度，必要时可用支柱将中心主干延长枝固定扶正，若中心主干延长枝短截后分枝过多，则会使延长枝的生长减弱，需将一些影响其正常生长的枝梢，如密弱枝、徒长枝疏除，以集中养分供延长枝。

（3）主枝培养。中心主干延长枝被短截处理后，一般会抽生5~6个分枝，应根据其着生的位置，选择符合主枝配置条件的分枝作为主枝延长枝，进行中度和重度短截。短截轻重应根据该枝生长势的强弱而定。如生长势偏弱，需要较重短截；如偏旺，则轻度短截。通过剪口芽方位的选择也可调节主枝延长枝的方向或分枝角。还可通过撑、拉、吊等措施调整其分枝角和生长势。主枝选定后，每年从短截后抽生的新梢中选择生长势旺盛，生长方向与主枝延长方向最为一致的分枝作为主枝延长枝，进行中度至重度短截。并通过剪口芽调节延长方向，通过短截轻重调节其生长势。当多个主枝确定后，还应兼顾相互之间的间距、方位和生长势等方面的协调和平衡，可采取多种修剪方式扶弱抑强。对延长枝附近的密生枝应适当疏剪，对其余分枝尽量保留，长放不剪。若出现直立向上的强旺枝或徒长枝时，应尽力剪除。

（4）副主枝的培养。在第一主枝距中心主干40~50厘米处配置第一个副主枝。以后各主枝的第一副主枝距中心主干的距离应酌情减小。每主枝上可配置3~4个副主枝，分枝角40°左右，交叉排列在主枝的两侧。副主枝之间的间距30厘米左右。

（5）枝组的培养和内膛辅养枝的蓄留。对着生的副主枝、主枝及中心主干上的各分枝进行摘心或轻度短截，会促发一些分枝，再进行摘心和轻度短截，即可形成枝组。并使其尽快缓和长

势，以利其开花结果。枝组结果后再及时回缩处理，更新复壮。在主枝或副主枝上，甚至在中心主干上还会有一些弱枝，应尽量保留，使其自然生长和分枝。如光照充足，这些内膛枝或枝组也可开花结果，而且是幼树最早的结果部位。此外，对骨干枝上萌生的直立旺枝，如能培养成枝组填补内膛空间，可进行扭梢、摘心和环割处理，使其缓和生长势，通过几次分枝形成枝组。

(6) 延迟开心。在培养成5~6个主枝后，应对中心主干延长枝进行回缩和疏剪，使植株上部开心，将光照引入内膛，同时树体向上的生长也得到缓解和控制。随着树冠的不断扩大，当相邻植株互相交叉时，也应对主枝延长枝回缩或疏剪，以免树冠交叉郁闭。

2. 自然开心形

前面已叙述了变则主干形树形培养，有了变则主干形的基础，自然开心形的培养变得较易，其培养过程与变则主干形第三主枝以下部位的配置基本一致，只是定干稍矮。

(1) 主干与主枝培养。嫁接苗定干高度20~40厘米，以后按变则主干形的培养方法，配置3个主枝，主枝间的间距20~30厘米。

(2) 及时开心。在第三主枝形成后，及时将原有的中心主干延长枝从第三主枝处剪除，或做扭梢处理后倒向一边，留作结果母枝，如果对中心主干延长枝疏剪太迟，可能会造成较大的伤口，损伤树势。

(3) 侧枝与枝组的培养。自然开心形可在主枝上直接配置侧枝，侧枝在主枝上的位置应呈下大上小的排列，互相错开。由于自然开心形树冠各部位的光照都很充足，可以在主枝、侧枝上配置更多的枝组，但要求分布均匀，彼此不影响光照。当植株开心后，骨干枝上极易产生萌蘖而抽发徒长枝，对扰乱树形的要及时疏除，对有用的旺枝要采用拉枝、扭梢、环割等措施抑制其生

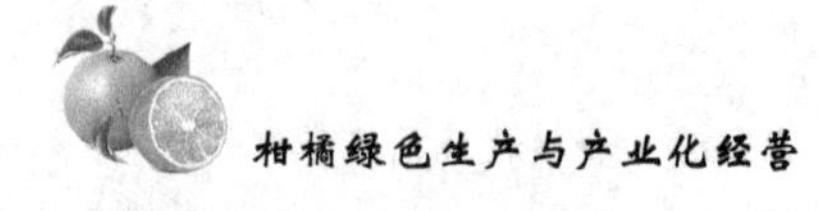

长势，使其结果后再剪除。

3. 多主枝放射形

（1）主干的培养。主干高度定为20~30厘米，当嫁接苗抽发夏梢后，从离地30~40厘米处短截，便可促发4~6个晚夏梢或早秋梢，这些枝梢即是多主枝放射形的第一级主枝。

（2）主枝的培养。定干后连续对抽发的新梢及时摘心，冬季修剪时首先疏剪顶部分枝角度小的丛状分枝（又称“掏心”），保留下部几个较强壮分枝，并对其进行中度短截。摘心或短截后一般会发生2个或多个分枝。由于连续对夏、秋梢及时摘心，冬季在“掏心”基础上短截强壮分枝等，可加速分枝，降低分枝高度，经2~4年处理，就形成12~20个次级主枝。

（3）拉枝。由于主枝不断分枝和外延，大枝越来越多，树冠中上部的新梢密集，叶幕层上移，树冠内膛和下部的光照条件变差，骨干枝上难以形成小枝或枝组，造成内膛和下部秃裸。因此，每年要将骨干枝拉开，使其开张角度。使树冠内部和中下部光照条件改善。拉枝也有利于抑制主枝的生长势，纠正树形易出现的上强下弱的弊端。拉枝后树冠中心部位出现的徒长枝，适宜于培养作主枝的，可以摘心并拉大其角度，多余的徒长枝则应及时疏除。

（4）调节树冠上下生长势的平衡。树冠顶部或上部的枝梢一般会较早抽出强夏梢，从而抑制或削弱下部枝梢的萌发和抽梢，使树冠出现上强下弱现象。因此，应该将上部先萌发的夏梢抹除，连续多次抹芽，直到下部春梢萌出夏芽并抽梢后，才停止抹芽，让其抽梢。冬季修剪时还可对中下部的枝梢重点短截，刺激营养生长，防止其早期开花结果。在幼树初结果时期，也要尽量让树冠中上部先开花结果，使树冠下部的枝梢延迟挂果。通过各种修剪方法抑强扶弱，抑上扶下，才能形成生长较平衡的树冠，达到立体结果、优质、丰产稳产之目的。

三、不同树体修剪

（一）幼树修剪

柑橘定植后至结果（投产）前这段时期称幼树。幼树生长势较强，以抽梢扩大树冠，培育骨干枝，增加树冠枝梢和叶片为主要目的。修剪，在整形的基础上，适当进行轻剪，主要是对主枝、副主枝的延长枝短截和疏剪，尽可能保留所有枝梢作辅养枝。在投产前 1 年进行抹芽放梢，培育秋梢母枝，促花结果。

1. 疏剪无用枝

剪去病虫枝和徒长枝，以节省树体养分，减少病虫害传播。

2. 夏、秋长梢摘心

未投产的幼树，可利用夏、秋梢培育为骨干枝，加速扩大树冠。对生长过长的夏、秋梢在幼嫩时，即留 8~10 片叶摘心，促进增粗生长，尽快分枝。但投产前 1 年放出的秋梢不能摘心，以免减少翌年花量。已长成的长夏梢，不易再抽生秋梢，也不易分化花芽，可在 7 月下旬进行夏梢秋短截，将老熟夏梢短截 1/3~1/2，8 月中下旬，即可抽生数条秋梢，翌年也能开花结果。

3. 短截延长枝

结合整形，对主枝、副主枝、侧枝的延长枝短截 1/3~1/2，使剪口 1~2 芽抽生健壮枝梢，延伸生长。其他枝梢宜少短截。

4. 抹芽放梢

幼树定植后，可在夏季进行抹芽放梢 1~2 次，可促使多抽生一二批整齐的夏、秋梢以充实树冠，加快生长。放梢宜在伏旱之前，以免新梢因缺水而生长不良。柑橘中的宽皮柑橘类因花芽生理分化期稍晚，放梢可晚或多放 1 次梢。树冠上部生长旺盛的树，抹芽时可对上部和顶部的芽多抹 1~2 次，先放下部的梢，待生长到一定长度，再放上部梢，促使树冠下大上小，以求光照好，内外结果多。

5. 疏除花蕾

树体小，养分积累不足，开花结果后会抑制树体生长，进而影响今后产量，故对不该投产的幼小树应及时摘除花蕾。

（二）初结果树修剪

从柑橘幼树结果至盛果期前的树称初结果树。此时，树冠仍在扩大，生长势仍较强，修剪反应也较明显，为尽快培育树冠，提高产量，修剪仍以结合整形的轻剪为主。主要是及时回缩衰退枝组，防止枝梢未老先衰。注意培育优良的结果母枝，保持每年有足够花量。随着树龄、产量的增加，修剪量也逐年增加。

1. 抹芽放梢

多次抹除全部夏梢，以减少梢、果争夺养分，提高坐果率，适时放出秋梢，培育优良的结果母枝。注意在放梢前应重施秋肥，以保证秋梢健壮生长。

2. 继续对延长枝短截结合培育树形

继续短截培育延长枝，直至树冠达到计划大时为止，让其结果后再回缩修剪。同时，继续配置侧枝和枝组。

3. 继续对夏、秋梢摘心

摘心方法同幼树。并对已长成的夏梢进行秋季短截，促进抽生秋梢母枝。

4. 短截结果枝与落花落果枝

结果枝与落花果枝若不修剪，翌年会抽生较多更纤细的枝梢而衰退，冬季应短截 1/3~2/3，强枝轻短截，弱枝重短截或疏剪，使翌年抽生强壮的春梢和秋梢，成为翌年良好的结果母枝。

5. 疏剪郁闭枝

结果初期，树冠顶部抽生直立大枝较多，相互竞争，长势较强，应作控制：树势强的疏剪强枝，长势相似的疏剪直立枝，以缓和树势，防止树冠出现上强下弱。植株进入丰产期时，外围大枝较密，可适当疏剪部分 2~3 年生大枝，以改善树冠内膛光照。

树冠内部和下部纤弱枝多，应疏去部分弱枝，短截部分壮枝。

6. 夏、秋梢母枝的处理

树体抽生夏、秋梢过多，翌年花量很多，会浪费树体营养，而形成大、小年结果。冬季修剪时，可采用“短强、留中、疏弱”的方法，短截1/3的强夏、秋梢，保留春段或基部2~3芽，使抽生营养枝；保留约1/3的生长势中等的夏、秋梢，供开花结果；剪除1/3左右较弱的夏、秋梢，以减少母枝数量和花量，节省树体的营养。

7. 环割与断根控水促花

幼树树势强旺，成花很少或不开花，成为适龄不结果树，应在投产前1年或旺盛生长结果很少的年份，以及结果梢多，预计翌年花量不足的健壮树进行大枝或侧枝环割，或进行断根控水处理，以促进花芽分化。

（三）盛果期树修剪

进入盛果期，树体营养生长与生殖生长趋于平衡，树冠内外、上下能结果，且产量逐年增加。经数年丰产后，树势较弱，较少抽生夏、秋梢，结果母枝转为以春梢为主。枝组也大量结果后而逐渐衰退，且已形成大小年结果现象。

盛果期树体修剪的主要目的是，及时更新枝组，培育结果母枝，保持营养枝与花枝的一定比例，延长丰产年限。因此，夏季采取抹芽、摘心，冬季采取疏剪。回缩相结合等措施，逐年增大修剪量，及时更新衰退枝组，并保持梢、果生长相对平衡，以防大小年结果的出现。

1. 枝组轮换压缩修剪

柑橘植株丰产后，其结果枝容易衰退，每年可选1/3左右的结果枝从枝段下部短截，剪口保留1条当年生枝，并短截1/3~1/2，防止其开花结果，使其抽生较强的春梢和夏、秋梢，形成强壮的更新枝组。也可在春梢萌动时，将衰退枝组自基部短截回缩，留7~8厘米枝桩，待翌年抽生春梢，其中较强的春梢陆续抽生夏、秋梢使枝组得以更新，2~3年即可开花结果。结果后再回缩，全树每年轮流交替回缩一批枝组复壮，保留一批枝组结果，使树冠紧凑，且能缓慢扩大。

2. 培育结果母枝

抽生较长的春、夏梢留8~10片叶尽早摘心，促发秋梢。夏季对坐果过多的大树，回缩一批结果枝组，也可抽发一批秋梢，其中一部分翌年也可结果。

3. 结果枝组的修剪

采果后对一些分枝较多的结果枝组，应适当疏剪弱枝，并缩剪先端衰退部分。较强壮的枝组，只缩剪先端和下垂衰弱部分。已衰退纤弱无结果价值的枝组，可缩剪至有健壮分枝处。所有剪口枝的延长枝均要短剪，不使开花，只抽营养枝，以更新复壮枝组。

柑橘中的温州蜜柑、椪柑等夏、秋梢结果较多的母枝，采果后母枝较弱时，冬季可往有健壮分枝处短截，或全部疏剪。若全树结果较多，也可在夏季留5~7厘米长桩短戡，促使剪口处隐芽抽发秋梢，多数也能转化为结果母枝，形成交替轮换结果。

结果枝衰弱，不能再抽枝的全部疏除。叶片健全，生长充实可以再抽梢的只剪去果把，促使继续抽生强壮枝，复壮枝组。

4. 下垂枝和辅养枝的修剪

树冠扩大后，植株内部、下部留下的辅养枝光照不足，结果后枝条衰退，可逐年剪除或更新。结果枝群中的下垂枝，结果后下垂部分更易衰弱，可逐年剪去先端下垂部分以抬高枝群位置，使其继续结果，直至整个大枝衰退至无利用价值，自基部剪除。

（四）衰老树的更新修剪

结果多年的老树，树势衰弱，若主干、大枝尚好，具有继续结果能力的，可在树冠更新前1年7—8月进行断根，压埋绿肥、

有机肥，先更新根系；于春芽萌动时，视树势衰退情况，进行不同程度的更新修剪，促发隐芽抽生，恢复树势，延长结果年限。

1. 局部更新（枝组更新）

结果树开始衰老时，部分枝群衰退，尚有部分结果的可在3年内每年轮换1/3侧枝和小枝组，剪去先端2/3~3/4，保留基部一段，促抽新的侧枝，更新树冠。轮换更新期间，尚有一定产量，彼此遮阴不易遭受日灼伤害。3年全树更新完毕，即能继续高产。

2. 中度更新（露骨更新）

树势中度衰弱的老树，结合整形，在5~6级枝上，距分枝点20厘米处缩剪或锯除，剪除全部侧枝和3~5年生小枝组，调整骨架枝，维持中心主干、主枝和副主枝等的从属关系，删去多余的主枝、重叠枝、交叉枝干。这种更新方法当年能恢复树冠，翌年即可投产。

3. 重度更新（主枝更新）

树势严重衰退的老树，可在距地面80~100厘米高处3~5级骨干大枝上，选主枝完好、角度适中的部位锯除，使各主枝分布均匀，协调平衡。剪口要削平并涂接蜡保护。枝干用石灰水刷白，防止日灼。新梢萌发后，抹芽1~2次放梢，逐年疏除过密和位置不当的枝条，每段枝留2~3条新梢，过长的应摘心，促使长粗，重新培育成树冠骨架，第三年即可恢复结果。

第二节　花果管理技术

柑橘的花果管理主要包括：促花控花、保花保果、疏花疏果和果实套袋等。

一、促花控花

（一）促花

柑橘是易成花、开花多的品种，但有时也会因受砧木、接穗品种、生态条件和栽培管理等的影响，而迟迟不开花或成花很少。对出现的此类现象常采用控水、环割、扭枝、圈枝与摘心，合理施肥和药剂喷施等措施促花。

1. 控水

对长势旺盛或其他原因不易成花的柑橘树，采用控水促花的措施。具体方法是在9月下旬至12月将树盘周围的上层土壤扒开，挖土露根，使土层水平根外露，且视降雨和气温的情况露根1~2个月后覆土。春芽萌芽前15~20天，每株施尿素200~300克加腐熟厩肥或人、畜粪水肥50~100千克。上述控水方法仅适用于暖冬的南亚热带柑橘产区。冬季气温较低的中、北亚热带柑橘产区，可利用秋冬少雨、空气湿度低的特点，不灌水使柑橘园保持适度干燥，至中午叶片微卷及部分老叶脱落。控水时间一般1~2个月，气温低，时间宜短；反之气温高，时间宜长。

2. 环割

见枝叶管理。

3. 扭梢与摘心

见枝叶管理。

4. 合理施肥

施肥是影响花芽分化的重要因子，进入结果期未开花或开花不多的柑橘园，多半与施肥不当有关。柑橘花芽分化需要氮、磷、钾等营养元素，但氮过多会抑制花芽分化，尤其是大量施用尿素，导致植株生长过旺，营养生长与生殖生长失去平衡，使花芽分化受阻。氮肥缺乏也影响花芽分化。在柑橘花芽生理分化期（果实采收前后不久）施磷肥，能促进花芽分化和开花，尤其对

壮旺的柑橘树效果明显。钾对花芽分化影响不像氮、磷明显，轻度缺乏时花量稍减，过量缺乏时也会减少花量。可见合理施肥，特别是秋季9—10月施肥比11—12月施肥对花芽分化、促花效果明显。

5. 药剂促花

目前，多效唑（PP333）是应用最广泛的柑橘促花剂。在柑橘树体内，多效唑能有效抑制赤霉素的生物合成，降低树体内赤霉素的浓度，从而达到促进花芽分化的目的。

多效唑的使用时间在柑橘花芽开始生理分化至生理分化后3个月内。一般连续喷施2~4次，每次间隔15~25天，使用浓度500~1 000毫克/千克。近年，中国农业科学院柑橘研究所研制的多效唑多元促花剂，促花效果比单用多效唑更好。

（二）控花

柑橘花量过大，消耗树体大量养分，结果过多使果实变小，降低果品等级，且翌年开花不足而出现大小年。控花主要用修剪，也可用药剂控花。

1. 修剪

常在冬季修剪时，对翌年花量过大的植株，如当年的小年树、历年开花偏大的树等，修剪时剪除部分结果母枝或短截部分结果母枝，使之翌年萌发营养枝。

2. 药剂

用药剂控花，常在花芽生理分化期喷施20~50毫克/千克浓度的赤霉素1~3次，每次间隔20~30天能抑制花芽的生理分化，明显减少花量，增加有叶花枝，减少无叶花枝。还可在花芽生理分化结束后喷施赤霉素，如1—2月喷施，也可减少花量。赤霉素控花效果明显，但用量较难掌握，有时会出现抑花过量而导致减产，用时应慎重，大面积用时应先做试验。

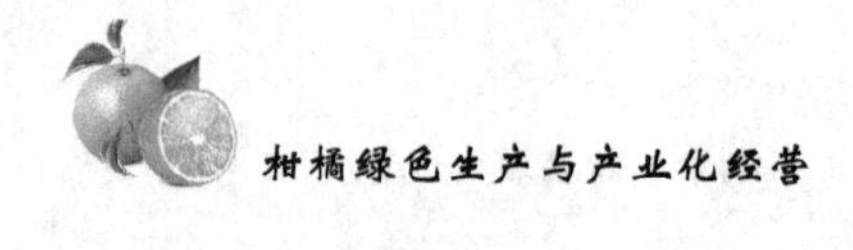

二、保花保果

柑橘尤其是脐橙花量大，落花落果严重，坐果率低。在空气湿度较高的地域栽培华盛顿脐橙，如不采取保果措施，常会出现“花开满树喜盈盈，遍地落果一场空”的惨景。

柑橘落果是由营养不良，内源激素失调，气温、水分、湿度等的影响和果实的生理障碍所致。

柑橘保花保果的关键是增强树势，培养健壮的树体和良好的枝组。为防止柑橘的落果，常采用春季施追肥、环剥、环割和药剂保果等措施。

(一) 春季追肥

春季柑橘处于萌芽、开花、幼果细胞旺盛分裂和新老叶片交替阶段，会消耗大量的储藏养分，加之此时多半土温较低，根系吸收能力弱。追施速效肥，常施腐熟的人尿加尿素、磷酸二氢钾、硝酸钾等补充树体营养之不足。研究表明，速效氮肥土施12天才能运转到幼果，而叶面喷施仅需3小时。花期叶面喷施后，花中含氮量显著增加，幼果干物质和幼果果径明显增加，坐果率提高。用叶面肥保花保果，常用浓度0.3%~0.5%尿素，或浓度0.3%尿素加0.3%磷酸二氢钾在花期喷施，谢花后15~20天再喷施1次。

(二) 环剥、环割

花期，幼果期环割是减少柑橘落果的一种有效方法，可阻止营养物质转运，提高幼果的营养水平。环割较环剥安全，简单易行，但韧皮部输导组织易接通，环割1次常达不到应有的效果。对主干或主枝环剥1~2毫米宽1圈的方法，可取得保花保果的良好效果，且环剥1个月左右可愈合，树势越强，愈合越快。此外，春季抹除春梢营养枝，节省营养消耗也可有效提高坐果率。

(三) 药剂保果

1. 防止幼果脱落

目前使用的主要保果剂有细胞分裂素类（如人工合成的6-苄基腺嘌呤）和赤霉素。6-苄基腺嘌呤（BA）是柑橘有效的保果剂，尤其是脐橙第一次生理落果防止剂，效果较赤霉素好，但BA对防止第二次生理落果无效。赤霉素（GA）则对第一、第二次生理落果均有良好作用。

20世纪90年代初，中国农业科学院柑橘研究所研制成功的增效液化BA+GA，BA完全溶于水，极易被果实吸收，增效液化BA+GA保果效果显著且稳定。生产上的花期和幼果期喷施浓度为20~40毫克/千克的BA+浓度为30~70毫克/千克的GA，有良好的保果作用。

用增效液化BA+GA涂果时间：幼果横径0.4~0.6厘米（约蚕豆大）时即开始涂果，最迟不能超过第二次生理落果开始时期，错过涂果时间达不到保果效果。涂果时，先配涂液，将1支瓶装（10毫升）的增效液化BA+GA加普通洁净水750毫升，充分搅匀配成稀释液，用毛笔或棉签蘸液均匀涂于幼果整个果面至湿润为宜，但切忌药液流滴。药液现配现涂，当日用完。增效液化BA+GA（喷施型）10毫升/瓶，亩用量3~6瓶；增效液化BA+GA（涂果型）10毫升/瓶，亩用量约1瓶。

2. 防止裂果

柑橘，尤其是脐橙的裂果、落果带来损失不小，控制裂果除用栽培措施外，目前尚无特效的药剂。生产上使用的，如中国农业科学院柑橘研究所推出的“绿赛特”等，其防效也只有50%~60%。

生产上防止柑橘裂果的综合措施。一是及早去除畸形果、裂果，如脐橙顶端扁平，大的开脐果易裂果，宜尽早去除。二是喷涂植物生长调节剂，喷涂赤霉素，促进细胞分裂与生长，减轻裂果，但使用要适当，不然会使果实粗皮、味淡、成熟推迟。如分别于第二次生理落果前后的6月上旬和下旬用赤霉素200~250毫克/千克液涂幼果脐部（对已轻度初裂的脐穴，在赤霉素液中加70%甲基硫菌灵800倍液）。三是适时环割，在雨后及时对主枝环割1/2圈，深达木质部。四是深翻改土，果园覆盖，减少水分蒸发，缓和土壤水分交替变化幅度。五是及时灌水，有条件的用喷灌，效果更好。六是增施钾肥，增强果皮抗裂强度。在幼果期喷施0.2%磷酸二氢钾，6—8月，特别是7月上中旬增施1~2次钾肥。七是选择抗裂品种种植，如纽荷尔脐橙。朋娜脐橙我国不少地域种植表现裂果严重。

3. 防止脐黄

脐黄是脐橙果实脐部黄化脱落的病害。这种病害是病原性脐黄、虫害脐黄和生理性脐黄的综合表现。病原性脐黄由致病微生物在脐部侵染所致，虫害脐黄则由害虫引起，生产上使用杀菌剂、杀虫剂即可防止；生理性脐黄是一种与代谢有关的病害。用中国农业科学院柑橘研究所研制的脐黄抑制剂“抑黄酯”（FOWS）10毫升/瓶，亩用量1~2瓶，在第二次生理落果刚开始时涂脐部，可显著减少脐黄落果。

此外，加强栽培管理，增强树势，增加叶幕层厚度，形成立体结果，减少树冠顶部与外部挂果，也是减少脐黄落果的有效方法。

4. 防止日灼落果

日灼又称日烧，是脐橙、温州蜜柑等果实开始或接近成熟时的一种生理障碍。其症状的出现是因为夏秋高温酷热和强烈日光暴晒，使果面温度达40℃以上而出现的灼伤。开始为小褐斑，后逐渐扩大，呈现凹陷，进而果皮质地变硬，果肉木质化而失去食用价值。

防止脐橙、温州蜜柑等的日灼，可采取综合措施。一是深翻

土壤，促使柑橘植株的根系健壮发达，以增加根系的吸收范围和能力，保持地上部与地下部生长平衡。有条件的还可覆盖树盘保墒。二是及时灌水、喷雾，不使树体发生干旱。三是树干涂白，在易发生日灼的树冠中上部，东南侧喷施1%~2%的熟石灰水，并在柑橘园西南侧种植防护林，以遮挡强日光和强紫外线的照射。四是日灼果发生初期可用白纸贴于日灼果患部，果实套袋的方法可防止日灼病。五是防治锈壁虱，必须使用石硫合剂时，浓度以0.2波美度为宜，并注意不使药液在果上过多凝聚。六是喷施微肥。

三、疏花疏果

疏花疏果是柑橘克服大小年和减少因果实太小而果品等级下降的有效方法。

大年树通过冬、春修剪增加营养枝，减少结果枝，控制花量。疏果时间在能分清正常果、畸形果、小次果的情况下越早越好，以尽量减少养分损失。通常对大年树可在春季萌芽前适当短截部分结果母枝，使其抽生营养枝，增加花量。为保证小年能正常结果，还需结合保果。对畸形果、伤残果、病虫果、小果等应尽早摘除。在第二次生理落果结束后，大年树还需疏去部分生长正常但偏小的果实。疏果根据枝梢生长情况、叶片的多少而定。在同一生长点上有多个果时，常采用“三疏一、五疏二或五疏三”的方法。

柑橘一般在第二次生理落果结束后即可根据叶果比确定留果数，但对裂果严重的朋娜等脐橙要加大留果量。叶果比通常（50~60）∶1，大果型的可为（60~70）∶1。

目前，疏果的方法主要用人工疏果，人工疏果分全株均匀疏果和局部疏果2种。全株均衡疏果是按叶果比疏去多余的果，使植株各枝组挂果均匀；局部疏果系指按大致适宜的叶果比标准，

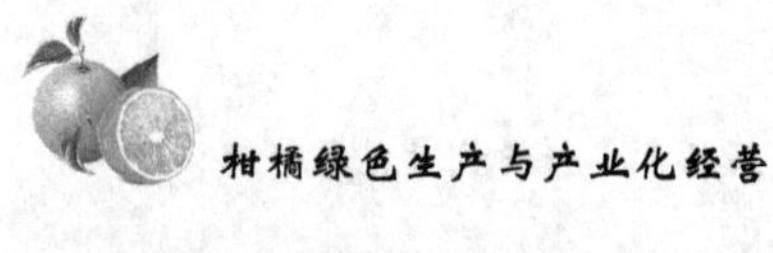

将局部枝全部疏果或仅留少量果，部分枝全部不疏，或只疏少量果，使植株轮流结果。

四、果实套袋

柑橘果实可行套袋，套袋适期在6月下旬至7月中旬（生理落果结束）。套袋前应根据当地病虫害发生的情况对柑橘全面喷药1~2次，喷药后及时选择正常、健壮的果实进行套袋。果袋应选抗风吹雨淋、透气性好的柑橘专用纸袋，且以单层袋为适，采果前15~20天摘袋，果实套袋着色均匀，无伤痕，但糖含量略有下降，酸含量略有提高。

柑橘中的柠檬果实套袋效果好，售价倍增，大果型的柚、胡柚的果实套袋也较多，脐橙果实也有套袋效果好的报道。柑橘的小果形品种，套袋费工，成本高，一般不套袋。

第六章　柑橘病虫害绿色防控

第一节　柑橘病虫害农业防治

一、农业防治概述

农业防治是指人们在病虫防治中采用农业综合措施，调整或改善柑橘生长的环境，增强柑橘对病虫的抵抗能力，或创造不利于病源生物、害虫等生长发育的环境或传播条件，或避开病源生物、害虫等生长发育传播的高峰期，以控制、避免或减轻病虫的危害。

二、农业防治技术

农业防治技术主要包括以下几个方面。

一是园地的选择。建园选择在阳光充足、土层深厚、无渍水、土壤肥沃、酸碱适宜的岗地或平地。

二是品种选择。品种选择首先是推广品种本身对病虫的抵抗能力，其次是品种与砧木的搭配，所选择的砧木品种要具有抗寒、抗旱能力；要具有抗病虫能力；砧穗组合要优良。

三是苗木选择。定植的苗木必须是无病毒苗，最理想的是采用容器苗。

四是合理定植密度。蜜柑、橙类、柚类等定植株行距都不一，一般山地、岗地可适当密于平地，总体要求是丰产柑橘园株间、行间留有余地，不交叉重叠。一般特早熟、早熟品种定植

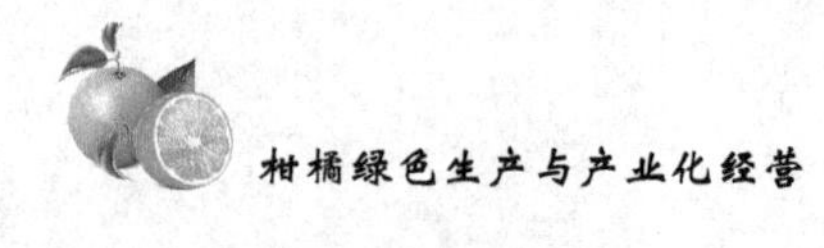

40~50 株/亩、椪柑 50 株/亩、橙类 40~45 株/亩、柚类 25~30 株/亩。

五是生草栽培。生草栽培是指在橘园内选择与柑橘无共生病虫、对柑橘害虫的天敌有益的草种进行人为栽种，改变橘园生态或保护橘园生态的一种农业生产措施。橘园内所选草种的原则是浅根系、高度一般不超过 0.5 米、具有固氮或为害虫天敌提供养料、易清除的草种，一般有百喜草、藿香蓟、豆科植物。橘园种草一般选择在梯壁或梯面，可用撒播、条播、穴播方式。注意事项是一定要控制所种草种的高度，对柑橘正常生长有影响时，必须人为结合园田杂草清除时割除，用于橘园内树体覆盖，冬季抽槽施肥时作为有机肥一并施入。

六是合理施肥。施肥以测土配方、有机肥为主，结合无机肥，辅助叶面喷肥。

七是灌溉和排水。柑橘在生长中离不开水，但水分过量又会导致根系缺氧窒息死亡，根据柑橘生长需求，保持土壤的持水量，在土壤持水量过高时，要及时清沟排水，总体原则是橘园内杜绝明水。

八是中耕除草。柑橘在生长中离不开土壤，土壤中的水、肥、氧气含量直接影响柑橘的正常生长。因此中耕除草是必不可少的一个环节，中耕除草就是在柑橘的生长季节中人为耕除杂草、翻动土壤的过程，这有利于调节土壤中的水、肥及氧气的含量，促进柑橘的根系正常生长。园地翻耕一年原则上两次，第一次在 6 月中下旬可与施肥相结合，第二次在 11 月下旬或 12 月上旬，两次深翻深度以 0.2 米为宜，第二次也可与抽槽换土施有机肥相结合。

第二节　柑橘病虫害物理防治

柑橘病虫物理防治技术是人们利用柑橘害虫对光、化学物质等方法。在生产上主要有灯光诱杀、色板诱粘、性引诱剂诱粘等，物理防治是较为安全、环保的防治方法。

一、灯光诱杀

灯光诱杀是利用害虫对光的某一频率的趋性，将这一波段用灯的形式形成光源置于橘园内，诱杀害虫。灯光诱杀一般在生物活动中应用，杀虫灯悬挂于害虫出现频率较高的地方，如山林边等，悬挂高度高于树冠 0.5~0.8 米，防治区域内能见光源。一般山地 30~50 亩、平地 20~30 亩悬挂一盏灯。灯光诱杀一般对鳞翅目、半翅目、鞘翅目等害虫有效，在置放过程中一定要经常清理害虫尸体，害虫尸体可做鱼、鸡等饲料。

灯光诱杀现已形成产业，佳多牌、天意牌等杀虫灯应用较为广泛。注意事项是现在频振式杀虫灯有用 220 伏交流电源、有太阳能做电源，在生产上建议采用太阳能的为主，用 220 伏交流电源的成本将会大大增加，更重要的是不安全。

二、化学引诱防治

利用生物对某一化学物质的特殊趋性来控制这种生物的方法，其主要有食物、性制剂等。在生产中主要是将这些特殊的物质混在杀虫剂（生物制剂如 BT 等）、黏合剂中，让害虫食用后中毒死亡或受味引诱而被粘住致死。这种方法主要以大实蝇防治为例，食物制剂主要是在实蝇类害虫产卵前 5~7 天内（大实蝇一般在 6 月上中旬），利用其取食特性，在橘园内点喷，一般每亩点喷 10~15 个点，每个点 1 个米^2，均匀喷在实蝇成虫喜欢活

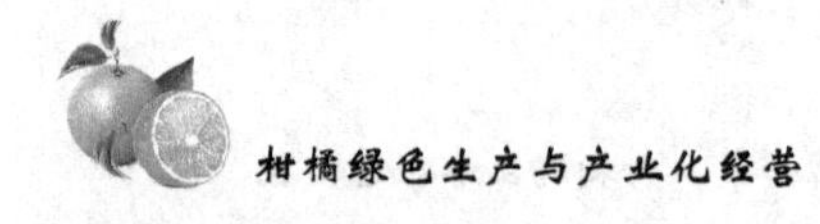

动的区域（中上部），间隔7～10天喷1次，严重区域喷3～4次，一般区域喷2～3次。这种方法是成本较低，但受天气影响，喷后24小时遇雨必须重喷，这类产品有果瑞特、巨锋、红糖加敌百虫（30∶1的1 000倍液）等。性引诱剂主要是利用雌雄成虫交配产卵的习性，将性激素与黏合剂混配，将混合液均匀喷于塑胶板或纸板或饮料瓶上，在雌雄成虫交配前5～7天（大实蝇一般在6月上中旬）分10～15个点均匀悬挂于橘园内，悬挂于树冠的中上部。这种方法是成本较低，不受天气的影响，注意悬挂物干涸后再在上面喷性激素黏合剂液，确保防治效果。产品如台湾产的好田园。

三、色引诱防治

在生物活动中，利用生物对色彩的趋性，将食物加化学农药或黏合剂均匀喷洒在色板上，来控制或减少有害生物对柑橘树的伤害的方法。其主要有黄板、蓝板等，其防治对象主要是成虫，悬挂时间主要是成虫产卵交配前；亩用20～30张均匀悬挂于橘园中，悬挂高度高于树冠0.3～0.5米。注意事项是待色板干涸时补喷混合液体，确保色板诱粘效果。

第三节　柑橘病虫害生物防治

柑橘园的生物防治，是实现无公害生产的重要组成部分。尤其是利用天敌防治害虫生产上已在应用。通过对天敌昆虫的保护、引移、人工繁殖和释放，科学用药，创造有利于天敌昆虫繁殖的生态环境，使天敌昆虫在柑橘果树的生物防治中发挥应有的作用。

一、柑橘害虫的天敌昆虫

我国的柑橘天敌昆虫已发现很多，主要有以下几种。

1. 异色瓢虫

异色瓢虫捕食橘蚜、木虱、红蜘蛛等。

2. 龟纹瓢虫

龟纹瓢虫捕食橘蚜、棉蚜、麦蚜和玉米蚜等。

3. 深点食螨瓢虫

该虫又名小黑瓢虫，其成虫和幼虫均捕食红蜘蛛和四斑黄蜘蛛，捕食量比塔六点蓟马、钝绥螨大，是四川、重庆柑橘园螨类天敌的优势种。

此外，还有腹管食螨瓢虫、整胸寡节瓢虫、湖北红唇瓢虫、红点唇瓢虫、拟小食螨瓢虫、黑囊食螨瓢虫、七星瓢虫等，限于篇幅此略。

4. 日本方头甲

该虫捕食矢尖蚧、糠片蚧、黑点蚧、褐圆蚧、白轮蚧、桑盾蚧、米兰白轮蚧、琉璃圆蚧和柿绵蚧等。

5. 大草蛉

该虫捕食蚜虫、红蜘蛛。

6. 中华草蛉

该虫捕食蚜虫和红蜘蛛。

7. 塔六点蓟马

该虫捕食红蜘蛛、四斑黄蜘蛛等螨类，尤其以早春其他天敌少时较多，且具较强的抗药性。

8. 尼氏钝绥螨

该螨捕食红蜘蛛和四斑黄蜘蛛等。

9. 德氏钝绥螨

该螨捕食红蜘蛛和跗线螨。

10. 矢尖蚧蚜小蜂

该虫寄生于矢尖蚧未产卵的雌成虫。

11. 矢尖蚧花角蚜小蜂

该虫寄生于矢尖蚧的产卵雌成虫。

12. 黄金蚜小蜂

该虫寄生于褐圆蚧、红圆蚧、糠片蚧、黑点蚧、矢尖蚧、黄圆蚧和黑刺粉虱等害虫。

此外，还有盾蚧长缨蚜小蜂、双带巨角跳小蜂、红蜡蚧扁角跳小蜂等天敌。

13. 粉虱细蜂

该虫寄生于黑刺粉虱、吴氏刺粉虱和柑橘黑刺粉虱。

14. 白星姬小蜂

寄生于潜叶蛾的2龄及3龄幼虫，对潜叶蛾的发生有显著的抑制作用。

15. 广大腿小蜂

该虫寄生于拟小黄卷叶蛾、小黄卷蛾等。

16. 汤普逊多毛菌

寄生于锈壁虱。

17. 粉虱座壳孢

该菌除寄生于柑橘粉虱外，还寄生于双刺姬粉虱、绵粉虱、桑粉虱、烟粉虱和温室白粉虱等。

18. 褐带长卷叶蛾颗粒体病毒

寄生于褐带长卷叶蛾幼虫。

二点螳螂、海南蟾、蟾蜍等也是柑橘害虫的天敌。

二、柑橘园天敌昆虫保护利用

1. 人工饲养和释放天敌控制害虫

如室内用青杠和玉米等花粉来繁殖钝绥螨等防治红蜘蛛，用

马铃薯饲养桑盾蚧来繁殖日本方头甲和湖北红点唇瓢虫等防治矢尖蚧等；用夹竹桃叶饲养褐圆蚧，用马铃薯饲养桑盾蚧来繁殖蚜小蜂防治褐圆蚧等；用蚜虫或米蛾卵饲养大草蛉防治木虱、蚜虫；用柞蚕或蓖麻蚕卵繁殖松毛虫赤眼蜂防治柑橘卷叶蛾等。

2. 人工助迁天敌

如将尼氏钝绥螨多的柑橘园中带天敌的柑橘叶片摘下，挂于红蜘蛛多而天敌少的柑橘园内，防治柑橘叶螨；将被粉虱细蜂寄生的黑刺粉虱蛹多的柑橘叶摘下，挂于黑刺粉虱严重而天敌少的柑橘园中，让寄生蜂羽化后寄生于黑刺粉虱若虫；将被寄生蜂寄生的矢尖蚧多的柑橘叶片采下，放于寄于蜂保护器中，挂在矢尖蚧严重而天敌少的柑橘园中防治矢尖蚧等。

3. 改善果园环境条件

创造有利于天敌生存和繁殖的生态环境，使天敌在柑橘园中长期保持一定的数量，将害虫控制在经济受害水平之下。如在柑橘园内种植某些豆科作物或藿香蓟，以利用其花粉或间作物上的红蜘蛛繁殖捕食螨，再转而控制柑橘上的红蜘蛛等。在柑橘园周围种植泡桐和榆树等植物，来繁殖桑盾蚧等，作为日本方头甲、整胸寡节瓢虫和湖北红点唇瓢虫等的食料和中间宿主。又如在柑橘园套种多年生的草本植物薄荷、留兰香，可在此类植物的叶片、茎秆上匿藏不少捕食螨、瓢虫、蜘蛛、蓟马、草蛉等天敌而防治红蜘蛛的为害。间种近年从澳大利亚引进的固氮牧草，有利于不少捕食螨、瓢虫、蓟马和草蛉等天敌匿藏和繁殖，可减少柑橘园红蜘蛛的为害。此外，增加柑橘园的湿度，有利于汤普逊多毛菌、粉虱座壳孢和红霉菌的传播、侵染和繁殖。

4. 使用选择性农药

使用选择性农药是最重要的保护天敌的措施之一。如在红蜘蛛等叶螨发生时，应少喷或不喷有机磷等广谱性杀虫剂，主要喷施机油乳剂、克螨特、四螨嗪、速螨酮和三唑锡等，以减少对食螨瓢虫和捕食螨的杀害作用；防治矢尖蚧应喷施机油乳剂和噻嗪铜等对天敌低毒的药剂，少喷施或不喷施有机磷等农药，以保护矢尖蚧等的捕食和寄生天敌；在锈壁虱发生和为害较重的柑橘产区和季节，应尽量少喷施或不喷施波尔多液等杀真菌药剂，以免杀死汤普逊多毛菌，导致锈壁虱的大量发生。

5. 改变施药时间和施药方式

选择天敌少的时候喷施药。如对红蜘蛛和四斑黄蜘蛛应在早春发芽时进行化学防治，因此时天敌很少。开花后气温逐渐升高，天敌逐渐增多，一般不宜全园喷药，必要时可用一些选择性药剂进行挑治少数虫口多的柑橘植株，尤其是不应用广谱性杀虫、杀螨剂。对矢尖蚧等发生数代较多的蚧类害虫，应提倡在第一代的1~2龄若虫盛发期时进行化学防治，以减少对天敌的杀伤。

第四节　柑橘病害防治

一、柑橘黄龙病

柑橘黄龙病为检疫性病害，可为害柑、橘、橙、柠檬和柚类。尤其以椪柑、柳城蜜橘、福橘、大红柑等品种最易感病，发病后衰退快。金柑类耐病力较强。

1. 为害症状

柑橘黄龙病为全株感病，感病不受树龄大小的限制。主要症状表现在枝梢和果实上。发病时，最初的症状表现在叶片上。发病叶有三种黄化类型，即均匀黄化、斑驳黄化和缺素状黄化。均匀黄化表现在幼年树和初期结果树春梢发病，新梢病症为全株新叶均匀黄化，夏、秋梢发病则是新梢叶片在转绿过程出现黄化。成年树，常在夏、秋梢上发病，树冠上少数枝条的新梢叶片黄

化。斑驳黄化和缺素状黄化表现在一些病株中有的老叶叶片基部、叶脉附近或边缘开始褪绿黄化，并逐渐扩大成黄绿相间的斑驳状黄化。黄化枝上再发的新梢，表现为缺素状黄化。果实感病时表现为果小、畸形（圆柱形）。近成熟时着色不匀，表现为果顶绿色、果蒂红色的半红半绿果，通称“红鼻子果”。果实有“怪味”（图6-1）。

图6-1 柑橘黄龙病病果

2. 防治措施

柑橘黄龙病为检疫性病害，目前还未有十分有效的清除或控制其病情发展的人工合成药物。因此在柑橘黄龙病防治方面，主要有以下几种。

（1）种植无病毒苗木。在新区、疫区种植经脱毒处理的无病毒苗木。

（2）挖除发病植株。发现有柑橘黄龙病病症的植株，及时挖除。应首先在发病植株上喷化学农药把柑橘木虱杀死，然后再挖病树。

（3）防治柑橘木虱。柑橘木虱是传播柑橘黄龙病的唯一昆虫。在柑橘生长季节及冬季清园时，都应加入防治柑橘木虱的内容。

二、温州蜜柑萎缩病

1. 为害症状

温州蜜柑萎缩病是柑橘生产上的重要病毒病，在柑橘种植区有一定范围的发生。症状主要表现在春梢新芽黄化，新叶变小皱缩，叶片两侧明显向叶背面反卷成船形或匙形，全株矮化，枝叶丛生。严重时开花多结果少，果实小而畸形，蒂部果皮变厚（图 6–2）。

图 6–2　温州蜜柑萎缩病病叶

2. 防治措施

（1）从无病的母本树上采穗。将带毒母树置于白天 40℃，夜间 30℃（各 12 小时）的高温环境热处理 42～49 天后采穗嫁接，或用上述温度热处理 7 天后取其嫩芽作茎尖嫁接可脱除该病毒。

（2）及时砍伐重症的中心病株，并加强肥水管理，增强轻病株的树势。

（3）病园更新时进行深耕。主要为害作物：此病主要为害

温州蜜柑，也可为害脐橙、伊予柑、夏柑和西米诺尔橘柚等，还可侵染豆科、匣科、苎麻科、苋科、菊科、葫芦科的34种草本植物，但多数寄主为隐症带毒者。

三、柑橘炭疽病

1. 为害症状

为害叶片有两种症状类型：急性型（叶枯型）症状和慢性型（叶斑型）症状。

急性型（叶枯型）症状常从叶尖开始，初为暗绿色，像被开水烫过的样子，后变为淡黄色或黄褐色，病、健部分边缘不明显。叶卷曲，叶片很快脱落。此病从开始到叶片脱落仅为3~5天。叶片已脱落的枝梢很快枯死，并且在病梢上产生许多朱红色而带黏性的液点。慢性型（叶斑型）症状多出现在成长叶片或老叶的叶尖或近叶缘处，圆形或近圆形，稍凹陷，病斑初为黄褐色，后期灰白色，边缘褐色或深褐色。病、健部组织分界明显。天气潮湿时，病斑上会出现许多朱红色而带黏性的小液点。在干燥条件下，病斑上会出现黑色小粒点，散生或呈轮纹状排列。病叶脱落较慢（图6-3）。

图6-3 柑橘炭疽病病叶

枝梢受害后也有两种症状。一种是由梢顶向下枯死。多发生在受过伤的枝梢。初期病部褐色，以后逐渐扩展，终致病梢枯死。枯死部位呈灰白色，病、健部组织分界明显，病部上有许多黑色小粒点。另一种发生在枝梢中部，从叶柄基部腋芽处或受伤皮层处开始发病，初为淡褐色，椭圆形，后扩展成梭形，稍凹陷。当病斑环割枝梢 1 周时，其上部枝梢很快全部干枯死亡。花开后，如果雌蕊的柱头受害，呈褐色腐烂状，会引起落花。果实受害，多从果蒂或其他部位出现褐色病斑。在比较干燥的条件下，果实上病斑病、健部分边缘明显，呈黄褐色至深褐色，稍凹陷，病部果皮革质，病组织只限于果皮层。空气湿度较大时，果实上病斑呈深褐色，并逐渐扩大，终至全果腐烂，其内部瓤囊也变褐腐烂。幼果期发病，病果腐烂后会失水干枯变成僵果悬挂在树上。

果实受害症状，分干斑型与果腐型两种。干斑型病斑黄褐色至栗褐色，凹陷，瓤囊一般不受害；果腐型多发生于贮藏期，自果蒂部或近蒂部开始出现褐色的不规则病斑，后逐渐扩散，并侵入瓤囊，终至全果腐烂（图 6-4）。

图 6-4　柑橘炭疽病病果

2. 防治措施

（1）农业防治。防治柑桶炭疽病应以加强栽培管理，提高树体抗病力为主，辅以冬季清园等措施。

（2）药剂防治。在春、夏、秋梢的嫩梢期各喷 1 次药。保护幼果要在落花后 1 个月内进行。每隔 10 天左右喷药 1 次，连续喷 2~3 次。

防治炭疽病的有效药剂有：40%灭病威悬浮剂 500 倍液，65%代森锌可湿性粉剂 500 倍液，50%代森铵水剂 800~1 000 倍液，70%甲基托布津可湿性粉剂 800~1 000 倍液，50%多菌灵可湿性粉剂 600 倍液，或用 80%炭疽福美可湿性粉剂 500~800 倍液。采果后用 45%特克多悬浮剂 500 倍液或使用 75%抑霉唑硫酸盐 2 000 倍+50%苯来特可湿性粉剂 1 000 倍+72%2，4-D 乳剂 5 000 倍浸果 1~2 分钟。

四、柑橘煤烟病

1. 为害症状

在我国柑橘产区普遍发生，症状常发生在柑橘叶、果实和枝梢表面。其上生出的霉层，颇似覆盖的一层煤烟灰，使植株生长受影响，果实品质和产量降低。受害严重时，叶片卷缩或脱落，幼果腐烂。真菌以蚜虫、介壳虫和粉虱等害虫的分泌物为营养生长繁殖，但不侵入寄主，黑霉层容易被抹掉。发生严重时影响树体的光合作用和果实着色，使树势生长衰弱，降低果实的品质（图 6-5）。

2. 防治措施

（1）农业措施。加强柑橘园管理，适当修剪，以利通风透光；降低树冠湿度，增强树势。

（2）化学防治。在蚧类、粉虱和蚜虫等害虫发生严重的柑橘园，应喷施松脂合剂或机油乳剂等防治，亦可于发病初期喷施

图 6-5　柑橘煤烟病症状

机油乳剂 60 倍液或 50%多菌灵可湿性粉剂 400 倍液。

五、柑橘疮痂病

1. 为害症状

为害新梢，叶片和幼果，也可为害花器。受害叶片初现油浸状小点，随之逐渐扩大，呈蜡黄色至黄褐色，后变灰白色至灰褐色，形成向一面突起的直径 0. 3 ~ 2 毫米的圆锥形疮痂状木栓化病斑，似牛角或漏斗状，表面粗糙。叶片正反两面都可生病斑，但多数发生在叶片背面，不穿透两面。病斑散生或连片，为害严重时使叶片畸形扭曲。新梢受害症状与叶片相似，但突起不明显，病斑分散或连成一片，枝梢短小扭曲。花瓣受害很快脱落。果实受害后，果皮上常长出许多散生或群生的瘤状突起，幼果发病多呈茶褐色腐烂脱落；稍大的果实发病产生黄褐色木栓化的突起，畸形易早落，果实大后发病，病斑往往变得不大显著，但皮厚汁少；果实后期发病，病部果皮组织一大块坏死，呈癣皮状剥落，下面的组织木栓化，皮层较薄，久

晴骤雨常易开裂（图6-6）。

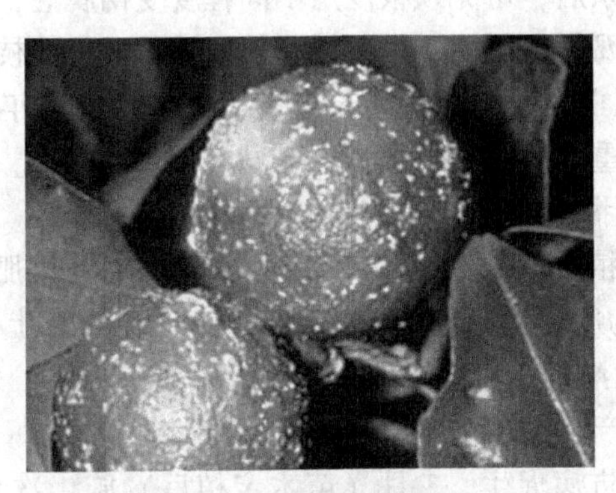

图6-6 柑橘疮痂病病果

2. 防治措施

（1）农业防治。疮痂病只侵染柑橘的幼嫩组织，栽培上应把防治的重点放在幼嫩组织的发生期。栽植无病苗；加强栽培管理，增强树势。冬季彻底剪除有病枝叶，集中烧毁，消灭越冬病源；抹芽控梢，使枝梢抽吐整齐，以利喷药保梢。

（2）药剂防治。喷药保梢护果，药剂可选用：77%可杀得、半量式或等量式波尔多液、70%甲基托布津可湿性粉剂、80%代森锰锌可湿性粉剂、77%氢氧化铜可湿性粉剂等，根据病情定喷药次数，一般隔10~15天喷1次。

六、柑橘根腐病

1. 为害症状

主要为害幼苗，成株期也能发病。发病初期，仅仅是个别支根和须根感病，并逐渐向主根扩展。主根感病后，早期植株不表现症状，后随着根部腐烂程度的加剧，引起植株大量异常落叶、落果，严重时全树枯死。根颈部和树干、枝条上无任何异常症状。刨开根系后，可见须根皮层不同程度变褐腐烂，并有鱼腥臭味。根表皮腐烂变黑，不发新根和须根，地上部分枝叶变黄，小苗2~3年死亡，大树停止生长或者生长缓慢，逐年衰老。重茬或者积水严重地块发病较重。

2. 防治措施

苗木定植前将活土源（200千克/亩）+有机肥（2 000千克/亩）作为底肥施于穴内。苗木栽植可用种苗壮（柑橘专用型）50倍液灌根1~3次，防治苗期根部病虫害，促进生根壮苗。成年丰产果树1年施用活土源颗粒剂两次，每次40千克，改良土壤，防病促生。3月（苗木定植后）施1次，10月底至11月中旬（采收后）施第二次。

七、柑橘溃疡病

柑橘溃疡病是检疫性病害。为害所有柑橘类，橙类易感病，金柑类较耐病。

1. 为害症状

主要为害叶片、果实和枝梢。叶片染病，初在叶背产生黄色或暗黄绿色油渍状小斑点，后叶面隆起，呈米黄色海绵状物。后隆起部破碎呈木栓状或病部凹陷，形成褶皱。后期病斑淡褐色，中央灰白色，并在病健部交界处形成一圈褐色釉光。凹陷部常破裂呈放射状。果实染病，与叶片上症状相似。病斑只限于在果皮上，发生严重时会引起早期落果。枝梢染病，初生圆形水渍状小点，暗绿色，后扩大灰褐色，木栓化，形成大而深的裂口，最后数个病斑融合形成黄褐色不规则形大斑，边缘明显（图6-7）。

2. 防治措施

（1）加强栽培管理。不偏施氮肥，增施钾肥；控制橘园肥水，保证夏、秋梢抽发整齐。结合冬季清园，彻底清除树上与树

图 6-7　柑橘溃疡病病叶

下的残枝、残果或落地枝叶，集中烧毁或深埋。控制夏梢，抹除早秋梢，适时放梢。及时防治害虫。培育无病苗木，在无病区设置苗圃，所用苗木、接穗进行消毒。清园时或春季萌芽前喷石硫合剂 50~70 倍液。

春季开花前及落花后的 10 天、30 天、50 天，夏、秋梢期在嫩梢展叶和叶片转绿时，各喷药 1 次。

（2）果园管理。

①加强检疫，选用无毒的繁殖材料，严禁带病砧木、接穗和果实进入无病区。

②铲除并销毁病枝、病叶和病果。在发生溃疡病较普遍的果园，台风或暴风雨后使用铜制剂全面喷洒防治。

③加强田间栽培管理，不偏施氮肥，增施钾肥。

④做好潜叶蛾、凤蝶幼虫的防治，预防溃疡病病菌从潜叶蛾、凤蝶幼虫取食造成的伤口侵入植物组织，引发该病。

第五节　柑橘虫害防治

一、柑橘凤蝶

1. 为害症状

柑橘凤蝶又名橘黑黄凤，属凤科。我国柑橘产区均有发生。为害柑橘和山椒等，幼虫将嫩叶、嫩梢食成缺刻（图 6–8）。

图 6–8　柑橘凤蝶幼虫

2. 防治措施

一是人工摘除卵或捕杀幼虫；二是冬季清园除去蛹；三是保护凤蝶金小蜂、凤蝶赤眼蜂和广大腿小蜂，或蛹的寄生蜂天敌，利用天敌防治柑橘凤蝶；四是为害旺期用药剂防治，可选用 48%默斩 1 000 倍液。

二、柑橘红蜘蛛

1. 为害症状

该虫害主要为害柑橘叶片、枝梢和果实。被害叶面呈现无数灰白色小斑点，失去原有光泽，严重时全叶失绿变成灰白色，造成大量落叶。亦能为害果实及绿色枝梢，影响树势和产量。一年发生多代，主要由于温度的影响，红蜘蛛的发生有两个高峰期，一般出现在4—6月和9—11月。极易产生抗药性，高温干旱季节发生严重。

2. 防治措施

柑橘螨类的防治应从柑橘园生态系统全局考虑，贯彻“预防为主，综合防治”的方针，合理使用农药，保护、利用天敌，充分发挥生态系统的自然控制作用，将害螨的为害控制在经济允许水平之下。

（1）农业防治。加强柑橘园水肥管理。冬、春干旱时及时灌水，促进春梢抽发，利于寄生菌、捕食螨的发生和流行，造成对害螨不利的生态环境。

（2）生物防治。

①保护和利用天敌，对害螨有显著的控制作用。成年树在每年的3—9月均可释放，幼龄树建议在每年的7—8月释放。释放时每叶害螨数量控制在两只以内，害虫少于1只（均为百叶平均）。按要求使用，控害期达60~90天。每株1袋（≥500只）在傍晚或阴天释放，在纸袋上缘1/3处斜剪3~4厘米长的一小口，再用图钉或塑料细绳固定在树冠内背阳光的主干上，袋底靠枝丫。

②施用生物农药叶绿康（果树专用型）。在若螨期，于阴天或傍晚喷施叶绿康（果树专用型）。稀释50倍施用，均匀喷施于叶片背面，每隔7~10天施用1次，连续使用2~3次。

三、柑橘大实蝇

1. 为害症状

成虫产卵于柑橘幼果中，幼虫孵化后在果实内部穿食瓤瓣，常使果实出现未熟先黄、黄中带红现象，使被害果提前脱落。而且被害果实严重腐烂，使果实完全失去食用价值，严重影响产量和品质。该虫1年发生1代，成虫活动期可持续到9月底。雌成虫产卵期为6月上旬到7月中旬。幼虫于7月中旬开始孵化，9月上旬为孵化盛期。10月中旬到11月下旬化蛹、越冬。5—6月为成虫活动盛期和产卵期，柑橘成熟或者青黄时幼虫（蛆）为害果实，导致果实腐烂（图6-9）。

图6-9 柑橘大实蝇造成的落果

2. 防治措施

（1）以防治成虫为主。采用实蝇诱杀剂，每亩用药1袋；1份原药，对两份水，充分搅拌。选择果树背阴面中下层叶片或瓜果架阴面中下层叶片点状喷施。每亩果园喷10个点，每点喷施面积约0.5米^2，喷施稀释后的药液30~50毫升，以叶片上挂有

药剂但不流淌为宜。带状喷施：大面积使用时采用机械带状喷施；顺行在果树树冠中下部或瓜果架中下部叶片喷施，形成一条宽约 0.5 米的药带。群防联防，集中销毁虫果。

(2) 在花果期喷施生物农药花果丰（果树专用型）。于阴天或傍晚稀释 50 倍，均匀喷施于果上，每隔 7~10 天施用 1 次，连续使用 1~2 次。

(3) 农业防治。处理虫果：将收集的虫果掩埋在 45 厘米以上深度的土坑中，用土覆盖严实，或者将虫果直接装入高强度的密封袋中，密封处理，直接杀死果实中的幼虫。冬耕灭蛹：冬季冰冻前，翻耕园土一次，增加蛹的机械伤亡率，或因蛹的位置变更，不适应其生存而死亡，如冻死、闷死或不能羽化出土，或因被翻至地面，被鸟类等天敌啄食而消灭。

(4) 其他诱杀防治。在成虫羽化期，利用刚羽化出土的柑橘大实蝇生命力较弱，成虫需补充营养物质进行引诱，集中诱杀成虫。毒饵配方可选用 5%红糖+0.5%白醋+0.2%敌百虫溶液；果瑞特（0.1%阿维菌素饵剂，湖北谷瑞特生物技术有限公司）2 倍液；猎蝇（0.02%饵剂 GF-120，美国陶氏益农公司）5 倍液；5%红糖+5%橙汁+5%水解蛋白+0.2%敌百虫溶液；大实蝇食物诱剂等。每亩点喷 5 株橘树，每株喷树冠 1/3 以下的 1/3 面积。或者在羽化期对橘园地面生草喷施诱杀剂诱杀成虫。也可采用新型诱捕器诱杀。田间使用时，将柑橘大实蝇诱杀球体置于树体中上部，每亩 5~10 个，诱杀球体可重复使用，但为了保证诱杀效果，诱杀芯片应每 2~3 个月更换 1 次。

四、柑橘锈壁虱

1. 为害症状

该虫以成螨、若螨群集于叶、果、嫩枝上为害，主要为害柑橘叶背和果实。为害叶片主要是在叶背出现许多赤褐色的小斑，然后逐渐扩展并遍布全叶叶背，严重时可致叶片脱落；受害的嫩枝也可出现许多赤褐色略微凸起的小斑；受害的果实一般先在果面破坏油胞，接着在果实凹陷处出现赤褐色小斑点，由局部扩大至全果，使整个果实呈现黑褐色粗糙而无光泽的现象。这些受害果实不仅失去美观和固有光泽，而且品质降低，水分减少（图 6-10）。

图 6-10　柑橘锈壁虱为害果实症状

未成熟的果实受害后，直接影响其生长发育，使果实稀少，严重影响产量。湖北地区主要为害时期为 7—8 月。柑橘膨大后的青果是其主要为害对象，为害之后柑橘果面呈铁锈色，木栓化，严重影响商品价值。

2. 防治措施

采用“以螨治螨”的防治策略，成年树在每年的 3—9 月均可释放，幼龄树建议在每年的 7—8 月释放。释放时每叶害螨数量控制在两只以内，害虫少于 1 只（均为百叶平均）。按要求使用，控害期达 60～90 天。每株 1 袋（≥500 只）在傍晚或阴天释放，在纸袋上缘 1/3 处斜剪 3～4 厘米长的一小口，再用图钉

或塑料细绳固定在树冠内背阳光的主干上，袋底靠枝丫。

五、柑橘潜叶蛾

1. 为害症状

该虫以幼虫潜蛀入植株的新梢、嫩叶，在上下表皮的夹层内形成迂回曲折的虫道，使整个新梢、叶片不能舒展，并易脱落；削弱光合作用，影响新梢充实，成为其他小型害虫的隐蔽场所，增加柑橘溃疡病病菌侵染的机会，严重时可使秋梢全部枯黄。一年发生多代，每年4月下旬至5月上旬，幼虫开始为害，湖北地区5—6月和8—9月为两个发生盛期，为害严重（图6-11）。

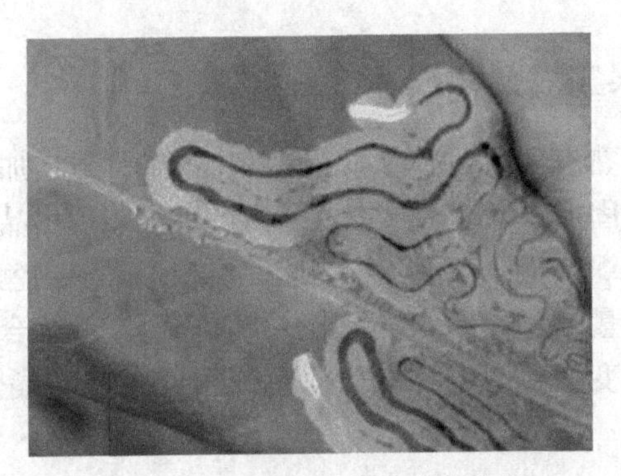

图6-11 柑橘潜叶蛾造成的虫道

2. 防治措施

（1）农业防治。适时灌溉，清除杂草，消灭越冬、越夏虫源，降低虫口基数。

（2）药剂防治。在幼虫盛发期，施用生物农药叶绿康（果树专用型）。稀释50倍施用，均匀喷施于叶片背面，每隔7~10天施用1次，连续使用2~3次。

第七章　柑橘采收及采后处理

第一节　果实采收

柑橘果实的采收是生产的重要环节，采收质量的好坏直接影响果实销售、贮藏保鲜，最终影响柑橘生产经营者和消费者的利益。

一、果实成熟特征

柑橘成熟表现为果汁增加，果汁中的糖含量增加，酸含量下降，可溶性固形物增加，果皮及果肉的色泽表现出品种的固有特性，果肉组织软化，产生芳香物质。可根据果皮颜色、果实可溶性固形物含量、含酸量、固酸比及出汁率等指标综合确定。果皮颜色由绿色变为黄色，再变为橙色或橙红色是柑橘逐渐成熟的标志。

二、柑橘采收技术

（一）采收期

柑橘果实的采收期，应根据不同品种、用途和销地远近等来确实。且同一品种的采收适期在不同年份、不同地区，因气候、土壤、树龄和栽培管理措施的不同而异。过早采收，因成熟度不够而影响产量和品质，过迟采收影响果实的贮藏性。柑橘果实用途不同，对成熟度的要求也有异。鲜销果的成熟度要求果实达到该品种固有色泽、风味和香气，果肉变软，糖、酸等可溶性固形

物达到标准。同时还要考虑途中的运输，外地销售果可比本地销售早采。出口的外销果实应根据进口国（地区）对果实的要求来确定，通常出口俄罗斯的果实要求适当早采。采后用作贮藏保鲜的果实可比鲜销果早采，一般在果面有2/3转色，果实未变软、接近成熟时采收。用于加工果汁、果酱和橘瓣罐头的果实要求充分成熟时采收。留树贮藏的果实，可根据市场需求，随采随销。

（二）采前准备

采前要做好一切准备工作，根据产量的多少，制定采收计划，准备库房、圆头采果剪、采果袋（篮）、塑料周转箱等盛装容器，双面梯，手套。盛装容器宜轻便牢固、内侧平滑，竹制品内侧垫以柔软物，物品提前进行清洁消毒处理。采收前20天应停止喷洒农药，遵守农药安全使用标准，以保证果品中无残留或不超标，采果前30天少用或不用化肥做追肥，防止果实贪青晚熟，确保果品质量。若采收的果实准备用于贮藏。可做好采前保护，于采收前1个月树上喷施70%甲基托布津1 000倍或40%百可得或45%扑霉灵1 500~2 000倍、地面喷施77%多宁800倍等药剂进行保护，可以减少病菌初浸染。

（三）精细采摘

严格按照采收规程采果，应选择晴天、果实表面水分干后进行采果，避免采雨水果、雾水果、露水果。病菌在有水的情况下，能很快从伤口侵入，可能导致柑橘出园时就是“病果”。采收时应做到先外后内，先下后上，采收人员应剪好指甲，戴好手套，使用圆头果剪，采用“一果两剪”采果法：即一剪下树，二剪平蒂，以果蒂不刮脸为度。严禁强拉硬扯或摔果，同时剔除病果、虫果、裂果、烂果、伤果、脱蒂果、畸形果等。用于采果的竹筐、竹篓边沿和内壁要用帆布或麻布包扎衬垫，防止擦伤果皮。

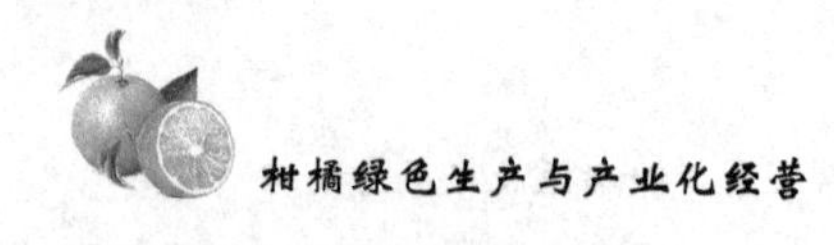

（四）转果运输

应使用周转箱转果，以减少转运过程损伤。贮藏果的关键要做到不伤油胞、不伤果。只有最完整的果实，才具有最大抗病菌侵害能力和最正常的生命活动过程。因此在果实转运时最好用塑料周转箱装果。同时轻拿轻放、轻装轻卸，尽量避免造成机械伤口，减少病菌浸染机会。

第二节　分级包装

一、初选预贮

为了提高分级质量和有利于果实的贮藏运输，在果实分级前，可进行园内初选和分级前预贮。

（一）初选

主要是剔除畸形果、病虫果、落蒂果和新伤果等，通过初选可了解果园的果品质量，同时也便于及时处理剔除的果实。

（二）预贮

是指经园内初选的果实，在进行打蜡分级前，进行短时间的存放。预贮具有使果实预冷、愈伤、催汗（软化）的作用，并能降低果实贮藏中的枯水、粒化程度。刚从果园采下的果实，果实温度较高，呼吸作用和水分蒸发都强，如不及时散热，不仅会营养物质大量消耗，还会因果实“发烧”在果面结出水珠，导致果实腐烂。预贮使果实温度降低，利于果实贮运。采收和转运过程中，果实容易受新伤，这些新伤如遇温暖、潮湿环境，易使病菌侵入伤口，引起腐烂。如在冷凉、干燥处经短期预贮，不仅新伤可以愈合，还可使果皮的一部分水分散去，从而降低果皮细胞的膨压，使果皮软化，增加韧性，提高弹性，利于运输与贮藏。

预贮的方法简单，仅将采下的果实放在通风良好、不受阳光直射、地面干燥、温度较低的室内，可用转果周转箱堆放预贮，时间1~3天，经手轻捏，果皮已稍有弹性，即可进行分级、包装。一般经预贮的果实，失水率为2%~4%，采前晴好天气多，采收后预贮果实失重较少，采前雨天多，采收后预贮失重较大。

二、柑橘分级

（一）分级标准

有按品质分级和大小分级两种。品质分级是根据果实的形状，果面色泽、果面是否有机械伤及病虫害等标准进行的分级；大小分级是根据国家规定的果实横径大小进行的分级，分级时可用分级板或分级机，目前主要是采用分级机进行分级。我国现行柑橘分级标准，是以果实横径每差5毫米为1级的标准。

（二）手工分级和机械分级

手工分级主要是用分级板进行人工分级，机械分级是指集搬运、传送、清洗、烘干、打蜡、全果检测、分级、容器生产和包装于一体的全程机械化、自动化、大型化生产线。

目前最常用的打蜡分级机工艺流程为：初选—预贮（预冷）—漂洗—清洁剂洗刷—清水淋洗—擦洗—涂蜡—抛光—烘干—选果—分级—装箱—包装—外运。

（三）技术要求

（1）采后商品化处理场所、容器、工具、机械设备等进行消毒杀菌处理，定期或不定期对设备、容器和工具进行维护、清洗，保持环境卫生，减少污染源。

（2）减少和降低商品化处理过程中的挤压、抛甩、碰撞等易造成机械损伤的不良操作。操作人员要戴手套、穿工作服、戴工作帽，并注意设备操作安全。

（3）打蜡烘干热风温度控制在50~60℃。所选蜡液要求符

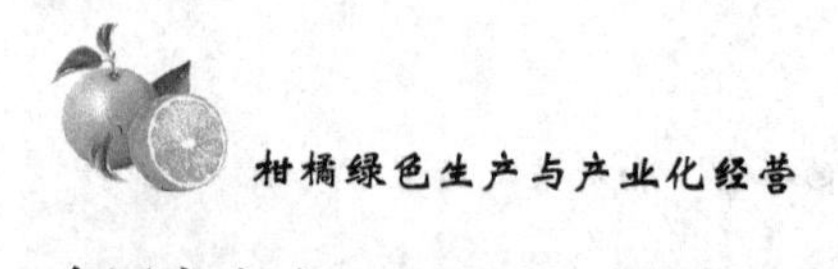

合国家安全卫生标准，无毒、无害、无异味、不变色，容易收敛，在果面展着均匀，形成的蜡膜光泽好，不能过厚或过薄。提倡选用符合国家安全卫生规定的生物蜡液。打蜡后迅速转入冷库预冷降温。

（4）禁止使用任何染色剂和催熟剂进行采后处理。

三、柑橘包装

柑橘果实进行包装，是为了使它运输过程中不受机械损伤，保持新鲜，并避免散落和损失。进行包装，还可以减弱果实的呼吸强度，减少果实的水分蒸发，降低自然失重损耗；减少果实之间的病菌传播机会和果实与果实间、果实与果箱间因摩擦而造成的损伤。果实经过包装后，特别是经过礼品性包装后，还可以增加对消费者的吸引力而扩大销路。

为了开展柑橘果实的包装，宜在邻近柑橘产区、交通方便、地势开阔、干燥、无污染源的地方建立包装场（厂）。场（厂）的规模视产区柑橘产量的多少而定。

我国现行的柑橘包装分外销果包装和内销果包装。

（一）外销果包装

1. 包装器材的准备

（1）包果纸。要求质地细，清洁柔软，薄而半透明，具适当的韧性、防潮和透气性能，干燥无异味。尺寸大小应以包裹全果不致松散脱出为度。

（2）垫箱纸。果箱内部衬垫用，质量规格与包果纸基本相同，其大小应以将整个果箱内部衬搭齐平为度。

（3）果箱。要求原料质量轻，容量标准统一，不易破碎变形，外观整齐，无毒，无异味，能通风透气。目前多用轻便美观、便于起卸和空箱处理的纸箱。现使用的纸箱为高长方形，多用于我国的港澳地区和国外的欧、美市场，其内径规格为470毫

米×227 毫米×270 毫米。近来进出口柑橘采用双层套箱更为先进。

2. 包装的技术

（1）包纸或包薄膜。每个果实包 1 张纸，交头裹紧，甜橙、宽皮柑橘的包装交头处在蒂部或顶部（脐部），柠檬交头处在腰部。装箱时包果纸交头处应全部向下。

柑橘果实包纸，可起到多种作用：一是隔离作用，可使果实互相隔开，防止病害的传染。二是缓冲作用，减少果实与果箱间、果实与果实间，因运输途中的震动所引起的冲撞和摩擦。三是抑制果实的呼吸作用，包纸使果实周围和果箱内二氧化碳浓度增加，从而抑制了果实的呼吸作用，使果实的耐贮运性增加。四是抑制果实的水分蒸发，减少自然失重损耗，使果实保持良好的新鲜度。五是美化柑橘商品。六是包纸还可将果实散发出的芳香油保存，对病菌的发生起一定的抑制作用。

（2）装箱。果实包好后，随即装入果箱，每个果箱只能装同一品种、同一级别的果实。外销果须按规定的个数装箱，内销可采用定重包装法（篓装 25 千克，标准大箱装 16.5 千克）。装箱时应按规定排列，底层果蒂一律向上，上层果蒂一律向下，果型长的品种如柠檬、锦橙、纽荷尔脐橙可横放，底层要首先摆均匀，以后各层注意大小、高矮搭配，以果箱装平为度。出口果箱在装箱前要先垫好箱纸，两端各留半截纸作为盖纸，装果后折盖在果实上面。果实装后，应分组堆放，并要注意保护果箱防止受潮、虫蛀、鼠咬。

（3）成件。出口果箱的成件一般有下列几道工序：一是打印。在果箱盖板上将印有中外文的品名、组别、个数、毛重、净重等项的空白处印上统一规定的数字和包装日期及厂号。打印一定要清晰、端正、完整、无错、不掉色。二是封钉。纸箱的封箱，要求挡板在上，条板在下，用硅酸钠黏合或用铁钉封钉。封

口处用免水胶纸或牛皮纸条涂胶加封。用硅酸钠黏合后，上面须用重物压半小时以上，使之黏合紧密。

（二）内销果包装

1. 包装器材的准备

内销柑橘果实的包装也同样应着眼于减少损耗，保持新鲜，外形美观，提高商品率。因此，应本着坚固、适用、经济美观的原则，根据下述条件选择包装器材。一是坚固，不易破碎，不易变形，可层叠装载舟车。二是原料轻，无不良气味，通风透气。三是光滑，不会擦伤或刺伤果实。四是价格低廉，货源充足方便。

2. 包装的技术

内销果可用纸箱包装，成件方法与出口果箱相同。竹篓和藤条篓如果规定重量装完后上部未满而有空余的，其空余部分需要用清洁、对果实无害的柔软物衬塞紧实，使其与篓口齐平。篓盖用细铅丝将四边扎紧以后，再用结实的绳索捆成“十”字形，将绳头打成死结。箱（篓）外标记：木箱和纸箱应在箱外印刷，篓应在篓外悬牌，标明品名、等级、毛重、净重、包装日期和产地等，字迹清晰、完整、无错。

第三节　柑橘运输

果实运输是果品采收后到入库贮藏或应市销售前必须经过的生产环节。运输的好坏直接关系果实的抗病性、耐贮性和经济效益，运输不及时或运输方法不当，都会使果品在销售和贮藏中品质下降，发生腐烂。

一、柑橘运输要求

柑橘鲜果含有大量的水分，果皮饱满充实，在运输中易损伤

而造成腐烂。为此，运输必须做到以下几点：一是装运前果实应经过预冷处理，除去田间热。二是装运的柑橘果实必须包装整齐，便于运输。不同包装箱应分开装运，轻装轻放，排列整齐，一般采用交叉堆叠或“品”字形堆叠。火车、轮船运输堆垛要留过道，避免挤压和通风不良，汽车运输顶部要有遮日避雨之物。三是及时运输，做到“三快”（快装、快运、快卸），严禁果实在露地日晒雨淋。四是运输途中应尽量减少中转次数，缩短运输时间。五是运输工具必须清洁、干燥、无异味，装载过农药或有毒化学物品的车、船，使用前一定要清洗干净并垫上其他清洁物。六是根据柑橘果实的生理特性，在运输途中对温、湿度进行及时管理，创造良好的运输条件，以减少外界不良环境对果实的影响。

二、柑橘运输技术

1. 运输的方式

分短途运输和长途运输。短途运输系指柑橘园到收购站、包装场、仓库或就地销售的运输，这类运输要求浅装轻运，轻拿轻放，避免擦、挤、压、碰等损伤果实；长途运输系指柑橘果品通过火车、汽车、轮船等运往销地或出口。目前我国火车运输有机械保温车、普通保温车和棚车 3 种。其中以机械保温车为最优，因其能控制运输中车内的环境条件，故果品腐损少。棚车即普通货车，车温受外界温度影响，腐损较大，不适宜用来运往北方寒冷的地方。普通保温车介于机械保温车和棚车之间，在内外环境条件悬殊的情况下，难以通过升温来保持车内适宜的环境，因而难免损失，这种车的优点在于可单独运行，调运较方便，装载量每车厢 30 吨。

2. 途中管理

果实运输途中的良好管理是运输成功的重要环节。应派懂柑

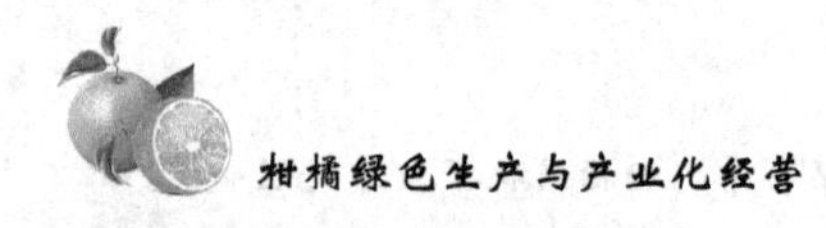

橘贮运和工作责任心强的人员负责管理。管理人员应根据运输途中的气温变化，调节车厢内温度，使柑橘果实处于适宜的温度条件下。柑橘适宜运输的温度为6~8℃，果实在这样的温度下腐烂率低，失重小，可溶性固形物和总酸量基本无变化。管理人员每天应定时观察车厢内不同位置的温度。当果箱堆温度超过8℃时，可打开保温车厢的冰箱盖，通风箱盖或半开车门，通风降温；当车厢外气温降到0℃以下时，则需保温，堵塞全部通风口，甚至加温。

水路运输时，除控制舱内的温、湿度外，还要随时注意防止浪水入舱，尤其是上下错船时，水浪增大，更要注意。装载重量要适度，切忌超载。

第四节 贮藏保鲜

柑橘的贮藏保鲜，是通过人为的技术措施，使采摘后的果实或挂树已成熟的果实，延缓衰老，并尽可能地保持其品种固有的品质（外观和内质），使柑橘果品排开季节，周年供应。

一、果实贮藏保鲜的影响因素

（一）果实在贮藏期间的变化

柑橘果实的采后贮藏保鲜，分为常温贮藏保鲜和低温贮藏保鲜。常温贮藏保鲜果实的变化，大多向坏的方向发展，如果实失水萎蔫，生理代谢失调，抗病力减弱，糖、酸和维生素C含量降低，香气减少，风味变淡等。低温贮藏保鲜的果实，由于可人为地控制温度和湿度，甚至调节气体的成分，可使常温中出现的这些变化，控制在一定的限度之内。柑橘贮藏时间，一般以2~3个月为宜，但不同种类和品种的耐贮性各异。通常，温州蜜柑的中晚熟品种可贮藏2~3个月，椪柑可贮3~4个月，脐橙可贮2

个月左右，锦橙可贮3~4个月。贮藏保鲜期既要根据品种的耐贮性，更要依市场需求适时销售。

（二）影响果实贮藏保鲜的因素

1. 柑橘种类及品种

如柚类耐贮，普通温州蜜柑较早熟温州蜜柑耐贮。

2. 砧木

砧木对嫁接后的柑橘树生长发育、环境适应性、产量、果实品质、贮藏性和抗病性等方面都有影响，以枳、红橘作砧木的果实耐贮性好，温州蜜柑以枳作砧木，果实耐贮。

3. 树体情况

通常青壮年树比幼龄树、过分衰老的树所结的果实耐贮藏，长势健壮的树长势过旺的树所结果实耐贮，结果过多或过少的也不耐贮，向阳面所结果实比背阴面果实耐贮性好，顶部、中部和外部所结的果实比下部、内膛所结果实耐贮。

4. 栽培技术

土肥水管理、修剪等技术到位，果实充实、品质好，耐贮藏。采前喷允许的生长调节剂、杀菌剂或其他营养元素的可增强果实的耐贮性。

5. 环境条件

（1）温度。温度是影响呼吸作用最主要的因素，呼吸作用随温度的升高而提高，呼吸强度高，导致果实内营养物质分解加快；同时高温促进水分蒸发，引起果实的质地、风味等向劣变方向发展，大大缩短果实贮藏寿命；同时高温有利微生物活动，加速果实腐烂，所以产后的果实，贮运过程中要注意温度，尽可能低一点，避免高温影响。但是并不是温度越低越好，如温度降到0℃以下，果实汁液结冰，发生冻害，或解冻后，加快腐烂。据有关资料，甜橙在贮藏期为100天内的以2℃左右为宜，一般为3~5℃，温州蜜柑4~6℃，椪柑10~12℃，柚类7~8℃。贮藏温度还因防腐剂的采用而有变化，一些省的试验结果表明，柑橘在贮藏前进行防腐剂处理，并处于高湿和较高浓度的二氧化碳条件下，在10~15℃贮藏温度下，柑橘果实可贮藏半年左右。这样的贮藏温度在许多通风库中是可以实现的，有利于扩大贮藏。

（2）湿度。湿度的大小关系着柑橘果实水分蒸发的快慢，贮放果实的地方过于干燥，导致水分蒸发强烈，不但其重量损耗大，而且导致果实发生萎蔫，加速柑橘果实腐烂，因此外销果实把新鲜壮实列为条件之一，其理由在于此。如果湿度过大，果实表面出现湿润现象时，微生物又极易附着滋生繁殖为害。不同的柑橘类型，对湿度要求不一。宽皮柑橘要求的湿度相对要低，最适湿度为80%~85%。甜橙和柚类则要求较高的湿度，最适湿度为90%~95%，但具体也应根据贮藏条件而定。

（3）空气成分。贮放果实地方的空气，如果二氧化碳浓度高时，能抑制果实的呼吸作用，降低果实内营养物质分解，对保持贮藏果实的品质有利，但浓度过大，又导致正常呼吸受阻，发生毒害，产生异味。利用二氧化碳抑制柑橘的果实呼吸而达到贮放果实，依具体条件而定，如通风库、冷藏库贮放，库内不宜积存过多的二氧化碳，应经常换入新鲜空气，排除污浊空气；而窖藏又要维持一定量的二氧化碳。柑橘是无呼吸高峰型果实，没有定量的氧气和二氧化碳比例，但生产中采用塑料袋单果包装、涂料及液态膜等高分子脂膜处理，硅橡胶窗袋贮藏，配合温湿度管理取得良好效果，弥补简易贮藏条件的不足。

二、贮藏方法

柑橘的贮藏主要分常温贮藏、低温贮藏。低温贮藏分冷库贮藏和气调库贮藏，需要有专业设备。目前多数农户采用的主要是常温简易贮藏方法，具体又可分为3种。

（一）田间简易贮藏法

1. 搭建简易贮藏库

应选择在地势平坦，排水良好的地方搭建，储藏库的样式和一般建筑工棚相似，长度一般在10~20米，跨度一般在5~8米，高度在2~2.5米，跨度大于5米时，一般应搭建“人”字形棚，“人”字形棚的房顶用石棉瓦或者油布覆盖，四周可以临时用油布封闭，每隔5米左右留一通风口（活口），以方便进出和通风换气，库房四周开好排水沟。

2. 库房消毒

库房建成后，地面铺上10厘米厚的稻草，用硫黄2.5千克加木屑混合点燃，密封3~4天，或用50%福尔马林喷撒，密封7天灭菌。之后，将果实移入室内贮藏。贮藏库的大小可以根据柑橘产量来决定，一般每平方米库房可以贮藏果实150~250千克。

（二）地窖贮藏法

所建地窖要求长8米、宽2.9米、高2.3米，窖上面设5个排气孔，孔的直径6厘米。窖两侧各设对称的进、出风口，窖内两侧摆设贮果架，架上安装六层堆放鲜果斗，内放鲜果，中间为通道。地窖贮藏易形成空气对流，贮藏期长，效果好。

（三）室内简易贮藏法（通风库）

1. 入库前准备

贮藏保鲜前应彻底清洁库房，堵塞鼠洞，柑橘入库前一周可用70%甲基托布津500倍液或45%扑霉灵1 000倍液等进行库房消毒，盛装柑橘的容器也要在防腐保鲜药液中浸泡1~2分钟进行消毒处理。柑橘入库前2天库房要保持通风。

2. 贮藏方式

最好用木条箱、塑料箱、竹筐或藤篓等容器贮藏，按“品”字形码放。根据库型条件，每堆宽3~4米，长不限，堆间留50厘米宽的通道，每件之间保留10厘米左右的空隙，四周与墙壁保留20厘米的距离。堆码高度依容器的耐压强度而定，但距离库顶棚必须留60厘米的空间，一般每平方米存放250~400千克。也可采用地面堆放法。先在地上均匀铺上5~10厘米厚的松毛、柏枝或稻草，而后将果实排列其上，每20厘米放一层松毛，总高度70厘米左右，四周围上松毛，上层再盖上一层5厘米左右的松毛，为了减轻自然失重，顶层可加盖一层薄膜。

3. 库房管理

（1）库房温、湿度条件。在贮藏室内最好放置一个温湿度计。在常温条件下，脐橙等甜橙控制在3~12℃、湿度90%；温州蜜柑控制在4~10℃、湿度85%~90%。昼夜温差控制在1℃以内，主要通过通风换气来解决。柑橘贮藏期间要求库房门窗遮光。

（2）贮藏初期管理。库房内易出现高温高湿，缩短柑橘贮藏寿命，这时要加强通风，昼夜打开门窗，尽快降低库房温湿度。

（3）贮藏中期管理。12月至翌年1月，当外界气温低于4℃时，要及时关闭门窗，堵塞通风口，加强室内防寒保暖，午间气温较高时应打开门窗通风换气。

（4）贮藏后期管理。当外界气温上升至20℃时，要关闭门窗，早晚换气。当库房内相对湿度降到80%时，箱藏柑橘应覆盖塑料薄膜保湿，薄膜离地面25~30厘米，切勿密闭；堆藏柑橘可覆盖干净稻草保湿，也可用地面洒水或盆中放水等方法提高空气湿度。

（5）其他管理措施。

①及时揭膜。凡是堆藏的，前半个月，一般每5天揭一次膜，以后每7~10天揭一次，抖掉水珠。

②定点观察。在贮藏库内选若干点，每隔1~2天检查不同层次的果实有无病果发生，决定是否翻果去烂。

③定期翻果。一般前期和后期 15～20 天翻果一次，用夹果钳夹出和用纸包出烂果，将其在库外烧毁或深埋。

（四）冷库贮藏

1. 冷藏库建设要求

包括库房和附属设施（制冷机组、送风设备、换气装置、恒湿器、全自动微电脑控制系统等）。库体密封、隔热性能良好。库房宜分隔成适宜的独立单元。

2. 入库前准备

先对贮藏库内进行彻底清洗，再用 1%～2%福尔马林或漂白粉溶液对库房喷雾消毒；也可用硫黄（5～10 克/米^3）燃烧密闭熏蒸 24～48 小时，然后通风换气 2 天。入库前 1～2 周用漂白粉溶液或 2%～5%硫酸铜溶液浸泡 5～10 小时对盛装容器和用具进行消毒，洗净晾干备用。

3. 果实入库

根据库型条件，每堆宽 3～4 米，长不限，堆间留 50 厘米宽的通道，四周与墙壁保留 30 厘米的距离。距离冷风口 80 厘米的空间。果实入库前使库温迅速达到需要的低温，果实进库前要经预冷散热，大型低温库每天的入库量不宜超过总容量的 1/10～1/5。库内每垛挂牌分类，标明品种、入库日期、数量、级别，并做好库房管理、检查记录。

4. 冷藏库管理

（1）温度。根据不同种类，确定贮藏温度，甜橙 3～5℃；温州蜜柑 5～8℃；椪柑 7～9℃。库内温度变幅控制在 2℃以内。果实出库前应缓慢升温到环境温度。

（2）相对湿度。甜橙类 90%～95%，宽皮柑橘类 80%～85%。冷库控制湿度比温度难。由于制冷时空气中的水蒸气不断析出，凝结在蒸发器上而导致湿度偏低，故应在风口安装自动喷雾器。

（3）气体。冷库内会积累过多的二氧化碳和其他有害气体，选较低温的早晨通风换气，保持二氧化碳在1%、氧含量在17%~19%的适宜范围内。通风换气的同时应开动制冷机械，以减缓温、湿度的变化。

（五）气调贮藏

气调贮藏是国际公认的最好贮藏方法之一，其优点是保持柑橘果实的新鲜品质效果显著，可使果实保持好的风味、香气和营养成分，减少果实的腐烂损耗，抵制能使果实老化的生理病害发生。但建标准的气调库设施昂贵，技术严格，能耗大，目前应用不广。

三、采后保鲜

及时浸果

1. 贮藏病害种类

柑橘贮藏过程中常见的病害主要有青霉病、绿霉病、黑腐病、蒂腐病、炭疽病、酸腐病六大病害。其中，柑橘青霉病、柑橘绿霉病、柑橘酸腐病为采收后侵染性病害，主要表现为贮藏前期发病；柑橘炭疽病、柑橘蒂腐病、柑橘黑腐病为采收前侵染性病害，主要表现为贮藏中后期发病。六大病害中发生量最大、为害最严重的是酸腐病，尤其是多雨的情况下，酸腐病可能大发生，务必引起高度重视。

2. 防腐保鲜利种类

归结起来大致可分为3类：一是“苯并咪唑类”：代表品种主要有“多菌灵”“甲基托布津”“特克多”等，对青霉病、绿霉病、炭疽病、蒂腐病有一定的效果。二是“咪唑类”：代表品种主要有“咪鲜胺类”（如以色列生产的“45%扑霉灵”“施保克”）和“抑霉唑类”（如“万利得”“戴唑霉”）等。这类对柑橘青霉病、绿霉病、黑腐病、蒂腐病、炭疽病效果显著。三是

“双胍盐类”：代表品种主要有45%百可得，对柑橘贮运销售过程中发生量最大、为害最严重的“酸腐病”特效，对柑橘采摘和贮运过程中的轻微的果实外伤有较好的愈合作用。

3. 浸果时间

一般情况下，需在采后24小时内浸果。最好的方法是“边采收边浸果”，尤其是在多雨潮湿的天气下，可减少传染的概率。

4. 浸果方法

将柑橘浸入配制好的防腐保鲜药液中1分钟左右，取出晾干即可。把用上述药剂浸过的果实，置于通风干燥、阴凉的室内进行预贮。

5. 浸果配方

目前，每浸果5 000千克的参考配方如下。

配方一：45%百可得50克+扑霉灵50毫升+2,4-D 20克，对水75千克。

配方二：45%百可得50克+万利得（戴唑霉）50毫升+2,4-D 15克，对水75千克。

配方三：45%施保克50毫升+2,4-D 15克，对水75千克。

配方四：特克多75克+2,4-D 20克，对水75千克。

配方五：绿色南方150克+2,4-D 20克，对水75千克。

配方六：戴唑霉75克+维鲜375毫升+2,4-D 15克，对水75千克。

注意：2,4-D浓度视柑橘着色度，着色好浓度可高，着色差则浓度一定要低。

四、留树保鲜

留树保鲜是指为拉长柑橘销售期，柑橘成熟以后不采收，而是采取适当措施，继续让其挂在树上，从而达到延迟采收和保鲜的目的。此项技术主要在三峡库区实施，冬季气温低于或经常有可能低于0℃的地区，柑橘果实不宜留树贮藏。

1. 果实选择

选择海拔200~400米的中、晚熟品种（如林娜、福罗斯特脐橙、锦橙）的盛果期植株中下部、内部的果实留树保鲜。把顶果、小果、残次果、特大果按时采收，留果量以植株负载量的70%为宜。

2. 喷施生长调节剂

从果实转色成熟期开始，每隔30天左右喷施1次2,4-D 20~50毫克/千克，共喷2~3次。在喷施激素时，可加入0.3%尿素和0.2%磷酸二氢钾、50%多菌灵800倍液。选择晴天在露水干后均匀喷施于整株，注意务必使果蒂着药。

3. 果实和树体管理

（1）树体管理。留树前适当修剪，剪除病虫枝、过密枝，达到通风透光、减少病虫害的目的。

（2）肥水管理。果实留树保鲜的植株肥水管理与正常采收的树基本相同，为提高叶片光合作用可增加叶面施肥1~2次，喷施0.3%~0.5%尿素加0.2%~0.3%磷酸二氢钾。原则上不灌水，若严重干旱或冻害前应注意灌水，以防止果实萎缩和落果。

（3）冻害防御。一是在冬季对树干刷白（或用薄膜包干）和树盘培土；二是若遇干旱在中午适当灌水；三是在寒潮来临前熏烟、喷抑蒸保温剂。

4. 适时采收和销售

留树保鲜的果实采收时间以2月中旬至3月上旬为宜。不能过分延长留树时间（留树时间过长会加快腐烂或粒化）。果实采收后，进行药剂浸果之后，将其分级销售。

第八章　柑橘产业化经营

第一节　柑橘产业化概述

一、柑橘产业化的概念及意义

（一）柑橘产业化的概念

柑橘产业化是以市场为导向，以经济效益为中心，以种植业的果品为重点，优化组合各种生产要素，实行区域化布局、专业化生产、规模化建设、系列化加工、社会化服务，使柑橘产业走上自我发展、自我积累、自我约束、自我调节的良性发展轨道的现代化经营方式和组织形式。其实质是对传统柑橘业进行技术改造，推动柑橘科技进步的过程，是从整体上推动传统柑橘业向现代柑橘业转变，是加快柑橘现代化的有效途径。

（二）柑橘产业化的意义

20世纪末至今，我国加快了柑橘产业化的进程，从产前柑橘产业规划的编制、柑橘优势产业带规划实施、无病毒容器壮苗的繁殖，到产中的标准化果园的规划和建设、果园的规范化管理、生产技术标准的制定和实施，到产后果实的商品化处理和果实的加工及综合利用，均取得了巨大的成绩。我国柑橘产业化的意义主要体现5个方面。

1. 促进果农增收

柑橘产业化，可把分散的农民通过不同的形式，如柑橘生产专业合作社、柑橘龙头企业联农户、柑橘业主联农户、柑橘大户联农户，组织起广大农户，实行统一规划、统一生产、统一技术、统一销售，提高抗御风险的能力和生产效率，促使果农增收。

2. 促进企业做大做强

柑橘产业化需要企业介入，特别是龙头企业的介入。企业介入柑橘产业，与广大果农联合，变分散的果农为组织起来的现代化果农，变柑橘的小农生产为柑橘规模化、产业化生产，企业才能英雄有用武之地，才能做强做大。反过来，企业的做大做强，又推进柑橘产业进程，推动柑橘产业迈上新的台阶。

3. 促进地方经济发展

柑橘产业化可使果农增收致富，可使企业做大做强，柑橘也使地方经济得到快速的发展。如福建平和县的琯溪蜜柚产业，全县琯溪蜜柚种植规模已达65万亩，年产量120多万吨，蜜柚延伸产业产值超过100亿元，创下全国同类品种种植面积、产量、产值、国内市场份额和出口量等多个第一。琯溪蜜柚产业的发展，带动了全县农贸市场、水果包装厂、贮藏保鲜库、收购网点以及柑橘的其他相关产业迅猛发展，实现了柚类生产、加工、贮运一条龙，有力促进了农村经济和地方经济的发展。

4. 促进产业持续发展

柑橘产业化的明显特征是规模化生产，用先进工业的理念、模式办现代化的农业（柑橘业）。目前，我国的柑橘产业与世界柑橘的兴衰息息相关，与世界柑橘同台竞争中。因此，必须迅速解决好柑橘千家万户分散的小生产，与柑橘的大市场、大流通、大竞争的激烈矛盾；必须解决传统小生产的无序生产，无序竞争，效益低下，生产脆弱，难以抗拒自然灾害、病虫草害的风险和市场风险；必须解决既抓生产，又抓销售，不断开拓国内外市场，在激烈的竞争中立于不败之地；必须解决依靠科学先进实用的技术，取得柑橘产业的“优质、丰产、低耗、高效”。以上种

种，分散的小农生产无力应对，只有实现产业化才能有效应对，赢得产业的持续发展。

二、柑橘产业化的基本特征

柑橘产业化经营与传统封闭的柑橘生产经营相比，有规模化、一体化、集约化、专业化、区域化、企业化、市场化、社会化8项基本特征。

1. 规模化

生产经营规模化是柑橘产业化的必要条件，其生产基地和加工企业只有达到相当的规模，才能达到产业化的标准。柑橘产业化只有具备一定的规模，才能增强辐射能力、带动力和竞争力，提高规模效益。

2. 一体化

一体化是指产加销一条龙、贸工农一体化经营，把柑橘的产前、产中、产后环节有机地结合起来，形成“龙”型产业链，使各环节参与主体真正形成风险共担、效益均沾、同兴衰、共命运的利益共同体。这是柑橘产业化的实质所在。

3. 集约化

集约化是指柑橘产业化的生产经营活动要符合“三高”要求，即科技含量高，资源综合利用率高，经济效益高。

4. 专业化

专业化包括生产、加工、销售、服务的专业化。柑橘产业化经营要求提高劳动生产率、土地生产率、资源利用率和产品商品率等，这些只有通过专业化才能实现。特别是作为柑橘产业化经营基础的果品生产，要求把小而分散的农户组织起来，进行区域化布局，专业化生产。在保持家庭承包责任制稳定的基础上，扩大农户外部规模，解决农户经营规模狭小与现代柑橘业要求的适度规模之间的矛盾。

5. 区域化

区域化是指柑橘产业化的果品生产，要在一定区域范围内相对集中连片，形成比较稳定的区域化的生产基地，以防生产布局过于分散造成管理不便和生产不稳定。

6. 企业化

企业化即生产经营管理企业化。不仅柑橘加工的龙头企业应是规范的企业化运作，而且种植生产基地为了适应龙头企业的工业运行的计划性、规范性和标准化的要求，应由传统柑橘向规模化的设施柑橘、工厂化柑橘发展，要求加强企业化经营与管理。

7. 市场化

市场是柑橘产业化的起点和归宿。柑橘产业化的经营必须以国内外市场为导向，改变传统的小农经济自给自足、自我服务的封闭状态，其资源配置、生产要素组合、生产资料和产品购销等靠市场机制进行配置和实现。

8. 社会化

社会化即服务体系社会化。柑橘产业化经营，要求建立社会化的服务体系，对一体化的各组成部分提供产前、产中、产后的信息、技术、资金、物质、经营、管理等的全程服务，促进各生产经营要素直接、紧密、有效地结合和运行。

三、柑橘产业化的目标

柑橘产业化的目标同农业产业化的目标一样，也是柑橘产业的工业化。即实现柑橘产业的工厂化管理。整合资源，组建龙头企业，以市场为导向，实现订单生产、标准化生产，打造精品产业，创建品牌，实现资本化运作，创新现代企业制度，在柑橘产业的科技研发、种植、加工、贮藏和营销的各产业链充分发挥巨大的竞争力。

第二节 柑橘产业的社会化服务

柑橘产业化离不开良好的社会化服务，包括良种服务、技术服务、生产资料服务、市场营销服务等。

一、柑橘良种服务

柑橘良种是柑橘产业化的基础。优良品种在适地种植，进行科学管理，可获得优质、丰产。我国柑橘的良种服务体系，至今还不够健全，柑橘品种的引（种）选（种）育（种）、柑橘品种的推广、苗木的繁育都存在不少问题，如不解决，必会影响产业的发展。

强化柑橘良种服务体系，既要抓队伍建设更要抓规范管理。

（一）柑橘引种、选种、育种的规范管理

柑橘品种的引种，不论在国内引种，还是在外国引种，首先要了解品种的特性、适应性，切忌盲目引种，浪费人力、物力、财力。柑橘的选种应积极开展，采取群众选报和专业队伍相结合，按选种要求有序进行。柑橘育种主要是科研院所需坚持开展的一项工作，采取多种育种手段，培育新的品种。

1. 品种比较试验和区域适应性试验

任何一个新品种推出前，必须进行品种比较试验，明确品种的特性、特征和生产上的优势。不论是引进品种、选出的品种或是育成的品种，在推广前还必须进行正规的区域适应性试验，明确品种的适应区域，再进行推广。近年不少柑橘产区出现推广的品种不结果、植株叶片出现黄化，未老先衰等问题，究其原因是未弄清品种的适应性就推广，未弄清砧穗的亲和性就嫁接，并大量推广种植，结果造成挖树毁园的重大损失。

2. 品种的认定和品种的审定

凡经品种比较和适应性试验、达到一定推广面积的柑橘选育品种，须向所在省、自治区、直辖市的农作物品种审定委员会提出品种审定；对已大面积种植的地方品种和国外引进品种，且生产上表现优质、丰产的，可以申请认定。此外，凡2个省、自治区、直辖市的3个点以上推广种植的柑橘品种，可申请全国农作物品种审定委员会审定。

3. 加强队伍建设。认真实行监管

目前，省、自治区、直辖市都有柑橘（果树）品种的管理机构，加强队伍建设，认真实行监管是推进我国柑橘产业化的需要。这项工作各柑橘产区发展不平衡，做到卓有成效的要数重庆市。20世纪末至今，重庆市政府高度重视柑橘产业化工程，在推出百万吨优质柑橘产业化工程后几年，又提出打造中国柑橘第一品牌的战略目标。为实现这一目标，选择种植的柑橘品种须经专家委员会确定，由市经济作物推广站具体实施。确定种植的品种，明确种植的区、县。并根据种植的数量分别由全市的七大无病毒容器苗繁育中心对接供苗。对不按要求品种种植的，一律不予资金支持。由于采取了以上措施，近几年重庆新发展的柑橘品种都是根据适应性做出规划布局的品种，而且普遍推广应用了脱毒容器苗。

（二）建立柑橘无病毒苗木繁育体系

建立和完善柑橘无病毒苗木繁育体系，是推进我国柑橘产业化的重要条件。由于长期以来存在多方面的原因，我国苗木的培育、选用至今仍不够规范。育苗单位多杂乱，谁想育苗都可以，品种不问其适应区域，名称乱定，真假难分，导致柑橘品种和苗木事件不断发生。

为使我国柑橘产业的健康发展，确保果农利益和企业利益，必须加快无病毒苗木繁育体系建设，严格实行苗木的规范化

管理。

1. 抓紧无病毒苗木繁育体系建设

农业农村部在主产柑橘的省、自治区、直辖市都建有无病毒苗木繁育中心（场），各省、自治区、直辖市应加强建设力度，大力培育无病毒容器苗，以满足柑橘产业发展之需。

2. 制定相关政策。规范苗木繁育

世界柑橘主产国，不论是美国、巴西，还是西班牙、以色列，柑橘新品种的推出，苗木的繁育都是有序进行。培育的总量和每年培育量都进行控制，育苗单位要进行资格审定、信誉评定。我国应借鉴国外好的做法和经验。一是提高育苗单位的准入门槛，制定相应的规定，发挥农业部苗木监测单位（中心）的作用，配合主产柑橘的省、自治区、直辖市对全国柑橘育苗木进行统检、评估，凡达不到要求的，一律不准育苗；二是严格查处苗木的乱育乱引。

（三）柑橘品种的优留劣汰

为提升我国的柑橘产业，须对于目前种植的柑橘品种进行优留劣汰。凡在市场竞争中处于相形见绌的品种，采取高接换种或改植；对市场仍有优势，但品种混杂、变劣的进行提纯选优，提纯复壮。科学技术的进步使柑橘新品种不断推出，在积极选用新品种的同时，对仍有竞争力的传统品种，应通过提纯选优复壮予以保留。

二、柑橘技术服务

柑橘产业的发展，特别是柑橘产业的由大变强，离不开科学技术的支撑，离不开强有力的技术服务。

目前，我国柑橘产业的技术服务的主要力量是以下 3 个方面：一是科研院所、大专院校的专业队伍，针对产业发展中需要解决的重大问题，组织力量进行协作攻关，成果应用于产业，推

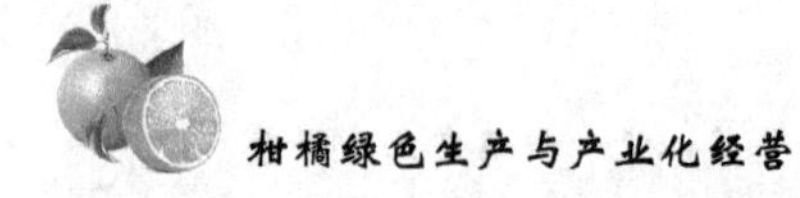

动产业发展。二是企业，特别是龙头企业的研发队伍，根据产业发展需要和遇到的问题，及时立项研究或与科研院所开展协作研发，并迅速将成果用于产业发展。三是省、市、县、镇、乡的技术推广服务体系。根据产业发展的需要，将成熟的成果推广应用于产业，促进产业发展。

建立为产业发展服务的技术体系，使广大种植柑橘、经营柑橘的果农真正掌握种植的现代实用科学技术，这是我国柑橘产业立于不败之地的坚实基石。面对激烈竞争的国内外柑橘市场，技术服务要着力抓实3个方面。

1. 大抓科技创新

柑橘产业要上档次、上台阶、上规模、上效益，必须依靠科技进步，不断创新，创新是产业发展的灵魂。要组织科研院所、大专院校和企业等的广大专业人员，协作攻关，破解难题，取得成果，并及时应用于产业，这是产业发展的根本，是产业竞争的实力所在。科技创新需要资金，政府应予以支持。

2. 大抓科技示范

将培育的优新品种和先进实用的生产技术。及时示范普及，是加快我国柑橘产业发展的重要途径。不抓不行，小抓也不行，必须大抓，才能出大的成效。

3. 大抓科技全方位服务

柑橘是季节性、技术性很强的密集型农业产业，要把柑橘科学技术转化为生产力，必须做好全方位的科技服务工作。在广大农村，广大果农中营造学科学、用科学、靠科学致富的良好氛围。

通过发放科技资料，开展适合不同层次人员的各类技术培训，培训大批既能动手操作、又会指导果农种柑橘的技术骨干队伍，积极开展生产现场的技术指导，长期坚持不懈，务求抓出成效。

三、柑橘生产资料服务

保障柑橘生产资料的供应和服务是推进柑橘产业化的又一重要方面。生产资料服务体系建设的目的既保障供应，又要做好服务。

我国柑橘的生产资料主要是肥料、农药、植物生长调节剂、农机、农具等，又以肥料、农药为最需。肥料、农药不同时期其需求种类、数量也随之变化，如肥料，20 世纪 80 年代前，肥料以农家肥、化肥为主，其后使用化肥的量增加，随着无公害柑橘、绿色柑橘、有机柑橘的发展，肥料走农家肥、化肥结合，有的产区推出了“猪—沼—果”模式、对柑橘的优质丰产，促进生态的良性循环，意义不可小视。

柑橘产业化的生产资料服务体系，要有服务的队伍，要有规范的管理，还要市场供应和农家自种自产相结合。

1. 建立诚信有素质的生产资料供销队伍

柑橘生产资料的供应要有一支讲诚信、有素质的队伍。肥料、农药等生产资料的销售有多种方法，有工厂直销的，有代销的。目前，柑橘产区大都组建了柑橘专业合作社，专业合作社根据柑橘园肥料、农药等的需求组织供应。此外，柑橘主产区的不少龙头企业介入柑橘产业，龙头企业除直接经营具有一定规模的柑橘园外，还辐射周边数量更为可观的柑橘基地。龙头企业与周边县、乡果农签订柑橘收购合同，同时为保证果品质量，由公司统一组织供给肥料、农药和展开技术指导，以达企业与果农双赢。

上述提到的各种形式，随柑橘产业发展会有变化，但不变的应该是一支有诚信、有素质的生产资料服务队伍。这支队伍的经营理念是既要赢利，更要为产业发展和果农致富服务。

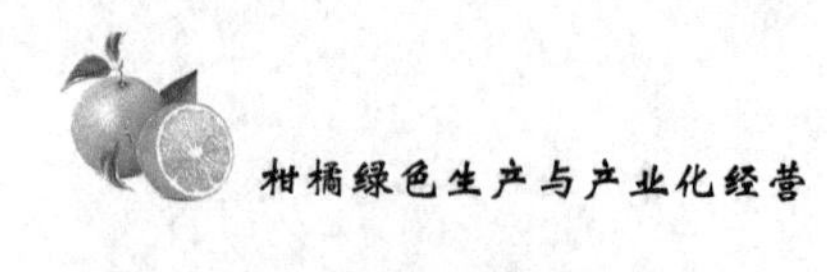

2. 强化规范管理

目前，强化对柑橘生产资料服务体系规范管理的首要任务是打假治乱，保障柑橘产业的健康发展，保护果农的生产效益。县、市、区农业执法部门和质量检验检测部门要履行职责，通力合作，肩负保护果业生产、果农利益重要使命。同时，广大农民（果农）一旦自己利益受到侵害，要拿起法律武器与假冒、不法的行为作斗争。

3. 提倡自种自产

生产资料除市场供应外，提倡自种自产。如柑橘园间种绿肥，山地柑橘园梯坡（壁）种绿肥，或田边地角种绿肥，农家肥、畜禽肥经过熟化处理归园，采取“畜—沼—果”模式等解决部分肥源，既可降低施肥成本，又利于改善生态。柑橘病虫害防治坚持以防为主，农业防治、生物防治、化学防治结合的综合防治，既可减少农药支出，又利于柑橘产业的可持续发展。

四、柑橘市场营销服务

随着柑橘产业的发展做大，市场营销服务越显重要。而营销服务成功的关键是营销理念的先行和营销市场的建设。

（一）更新强化营销理念

营销理念落后，是当前我国柑橘产业发展的薄弱点，也是出现柑橘“卖难”的原因之一。同时柑橘营销理念也是当前各产区政府和生产者、经营者迫切需要了解的知识。根据国情和柑橘产区的实况，以下十大营销理念有利柑橘果品营销。

1. 绿色营销

绿色果品是当今消费者的追求。绿色营销理念与消费者消费追求融为一体。为此，柑橘的生产者、经营者，不断增大无公害、绿色柑橘的生产面积，增加无公害柑橘、绿色柑橘投放市场，满足消费者的需求，进而促进整个柑橘产业的发展。

2. 知识营销

目前，我国处在知识经济时代，以知识普及为先导，以知识推动市场的营销新思维，即知识营销当属促销的有效理念。柑橘营养丰富，色、香、味兼优，柑橘有保健、美容、祛病的功能……对柑橘这类知识了解越多，对消费柑橘的欲望会越高。近年，柠檬在国内外市场销价看好，这与柠檬有丰富的各类维生素和其他营养物质，具健美、美容的知识宣传密切相关。因此，通过电视、网络等媒体，宣传柑橘（水果）的营养、保健功能，使国民多吃水果，多吃柑橘，提高健康水平，意义深远。

3. 包装营销

人靠衣妆，物靠精装。只有重视包装，并将其作为参与市场竞争的重要关节来抓，才能打造出能进入大市场、大超市、大商场以及海外市场的知名果品品牌。

柑橘鲜销果实采后，是否经商品化处理，即洗涤、打蜡、分级、包装，卖相大不一样，科学的包装柑橘果品，有利营销。包装是一门科学和艺术，产品包装有创意才能畅销市场，一个成功的包装也能带动一方经济。如湖北秭归脐橙在经过精心包装，并在外包装上印上三峡风光后，不仅畅销全国各地，而且售价提高0.50元/千克。

目前，我国鲜销柑橘的商品化处理（包装）还不足鲜销总量的30%，重视包装有利柑橘营销。

4. 品牌营销

随着市场经济发育日趋成熟，品牌形象已成为消费者认知商品的第一要素，柑橘果品也不例外。但我国柑橘品牌小而乱，究其原因是只重视通过商标注册成品牌，忽视对品牌的苦心经营和保护，未能将注册品牌发展成为精品品牌、知名品牌。

目前，乃至今后很长一段时间内柑橘营销量的大小，很大程度上取决于品牌的经营，美国 Sunkist（新奇士）、以色列的

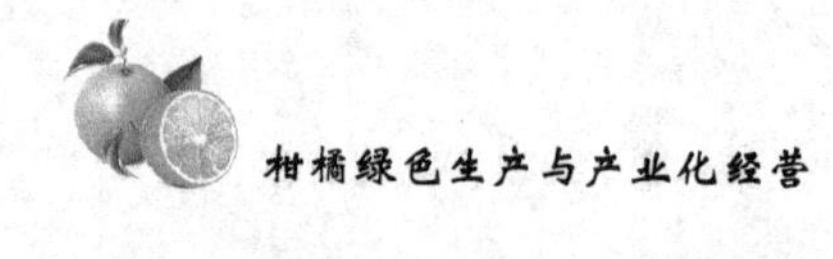

Jaffa、新西兰的 Zespri、南非的 Outspan 之所以畅销世界各地，供不应求，就在于他们苦心经营数十载，经营成世界名牌。我国柑橘品牌不少，但知名度不高。要通过整合，重点打造有影响的品牌，同时坚持长期经营和有效保护，从而营造出能与国际品牌同台竞争的精品名牌。

5. 特色营销

特色营销是指利用既有独特品味和风格的产品来吸引消费者，满足消费者的猎奇心理，达到促销的目的。当前的果品消费者，尤其是年轻一代更把果品是否具有特色（品种、品味、色香等）作为购买的重要标准。为此柑橘生产者、经营者、推介所生产柑橘的特色，来激起消费者的购买欲，实为明智之举。近几年来，不少具特色的柑橘产品、产地，申报了地理标志产品，有利于做大产业，促进销货。

6. 会展营销

会展营销是指通过展会，展示展销柑橘果品，进行贸易洽谈，促进销售。会展营销是一个注意力营销，通过会展这个平台可以吸引来自国内外的很多客商，会展上果品的展示、介绍，可产生良好的销售效果。

7. 网络营销

随着信息时代的到来和电子商务的发展，水果营销出现了渠道创新，其一便是利用因特网进行网络营销，网络当起了“市场红娘”。互联网互动式即时交流，可以打破地域限制，进行远程信息传播，面广量大，其营销内容翔实生动，图文并茂，可以全方位地展示品牌果品的形象，提高知名度，为潜在购买者提供了许多方便。目前我国已有不少柑橘产区和企业在互联网上注册了自己的网站，对产品进行宣传和推广。随着电子商务的进一步发展，网络营销将成为柑橘（水果）市场上一种具有相当潜力和发展空间的营销策略。

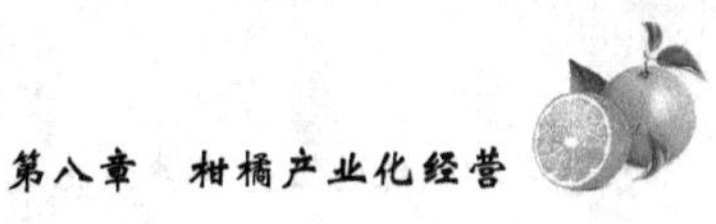

8. 旅游营销

旅游营销是指把果品营销和当地资源结合起来，以旅游搭台，旅游观光—休闲果品—果品销售紧密结合。随着人们生活水平的提高，旅游消费所占的比例逐年增加。因此，柑橘生产者在旅游景点大力宣传、推销产品，必然会拉动对柑橘的消费。

9. 招商营销

招商营销是指通过各种方式将客商引到产地，进行现场考察，宣传推介，柑橘果品的销售提前拿到订单，生产者和客商事先签订果品购销合同，客商对果品提出生产全过程的技术要求，主要包括用药、用肥、用生长调节剂等的要求。这样，不论是卖方或是购方，都能放心购销。

10. 诚信营销

言必诚，人言信，乃“诚信”二字。诚信是市场经济的基本信条，只有注重信誉的生产者、经营者，才能在市场竞争的多次博弈中获得最大利益。消费者要求的是品牌水果质量可靠，货真价实。持之以恒地维护品牌，打击假冒，永远的“真、优、美、宜”，即品牌真、品愿优、外观美、价格宜，才能使果品的销售新老客户满堂。一旦品牌水果质量参差不齐，没有真正按标准销售，就会使消费者感到困惑和反感，让生产者、经营者失去市场口碑。另一方面，却给了极少数以假冒真、“短斤少两”的不法分子有可乘之机。为此，广大果品生产者、经营者必须树立诚信理念。

（二）注重营销市场建设

柑橘是商品，产是为了销。随着柑橘产业的不断发展，柑橘销售越来越为人们关注。世界柑橘生产国绝大多数以国内市场为主，我国也不例外，出口的柑橘是少数，无疑国内市场营销是柑橘销售的重中之重。市场营销是将我国柑橘的产业优势转化为经济优势的关键。柑橘从产地到市场之前的流转环节，则是实现柑橘增值的重要环节。当前时常出现的结构性、区域性、季节性的柑橘滞销，其原因之一就是流通不畅，鲜果不能及时、广泛地“扩散”到“三北”甚至中小城镇的消费市场。强化柑橘的规范化采收，鲜果的商品化处理，实现柑橘鲜果的纸箱、托盘包装、分级论价销售。在柑橘商品生产基地建立高效的市场信息体系和现代化柑橘分级包装厂（线），建设果品交易市场，试行现货、期货、代理或网上销售等多种销售机制，建设连接产区与销地的“快速绿色通道”，在主要销售地的中心城市建立贮藏库与批发市场，加速物流扩散，以品牌、质量和高效的营销环境，建立稳定的国内销售市场，加速物流扩散，促进果品的销售与效益的回报，以实现产销协调发展。

目前，我国柑橘处于局部性、季节性的供大于求，为了确实加快营销市场建设，应着力做好如下工作。

1. 品种结构的调优

调优的品种，留优汰劣，压缩年内 11、12 月成熟的品种，发展 11 月上旬前成熟的特早熟、早熟品种和翌年成熟，尤其是 5 月及其以后成熟的晚熟品种，以缓解中熟品种集中应市给市场造成的巨大压力。近期还可选一些适合的品种进行留树贮藏、完熟栽培，以拉开鲜柑橘的供应期。

2. 提高品质创品牌

引进柑橘优新品种，采取高品质栽培、科学用药、配方施肥、疏果、套袋等现代先进栽培技术，提高果品品质；采后进行商品化处理，提高果品的商品性；积极创建柑橘品牌，提升在国内外市场的竞争力。

3. 严格果品的质量管理

品牌离不开严格的质量管理。目前，全球对食品安全的要求越来越严格，对进口水果的农药残留、卫生标准的要求越来越高。相比之下，我国的环境标准显得相对落后。因此，制定标准

工作一定要跟上，要做到从标准制定到质量检查环环紧扣。

4. 大力推进标准化生产

通过柑橘标准化生产试验、示范，逐步实现柑橘生产的标准化，生产出色泽、形状、光感均佳的柑橘鲜果，为柑橘果品的商品化处理和打造具中国特色的精品品牌奠定基础。同时大力推进无公害、绿色柑橘基地建设，提升我国柑橘质量。

在开拓国内柑橘市场的同时，为适应柑橘产业国际化的需要，应抓紧柑橘标准化论证，建立质量标准化体系，提高我国柑橘的市场竞争力。按照“简化、统一、协调、选优”的原则，把先进的科技成果转化为标准并有效的实施，使柑橘产业产前、产中、产后实现标准化，形成与国际接轨的质量标准化体系，增强在国际平台上的竞争力。

5. 规范采收和商品化处理

作为鲜果销售的柑橘一定要规范采收。包括根据需要适时采收，严把质量关精细采收，采后的专用果箱转运，轻装稳运轻卸，切忌损伤果实。

增加采后果品商品化处理的比例，以提高果实商品性。柑橘鲜果的外包装强调坚固、耐压、轻便，品种、品牌、商标、计量、质量和产地标志清晰，标志所示与箱内一致，包装材料既利保护生态，又不污染环境。

6. 加强市场建设和发展冷链物流

优化柑橘市场布局，统一规划，分步实施，国家和政府要重点支持建设一批功能强、辐射面广、设施现代的大中型柑橘果品批发市场，积极发展拍卖市场，强化市场的商品的集散功能、价格调节功能、信息引导功能和对产业发展的拉动功能。与此同时，努力构建以批发市场为主体的现代柑橘果品冷链物流中心，发展冷链物流。通过增加科技投入，提升冷链物流设施、装备的现代化水平，有效降低物流成本，提高柑橘果品的物流效力。

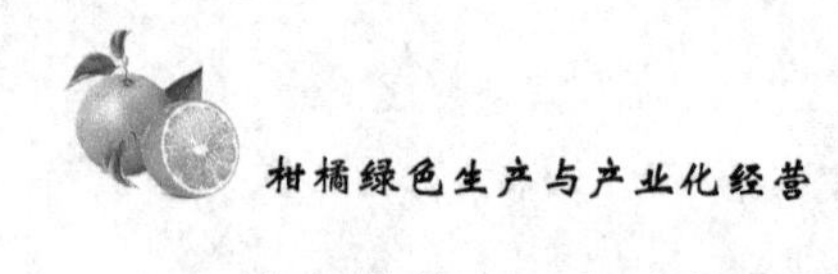

7. 建立柑橘电子交易市场

电子交易是利用网络提供的通信手段在网上进行交易。柑橘集中产销地建立柑橘电子交易市场，以克服传统柑橘交易方式受地域、信息、结算、运输、贮藏等多种因素的制约以及对柑橘产、运、销、需各方交易及利益产生的诸多不利影响，而顺应柑橘市场发展的需要。

柑橘电子交易与传统交易不同的是，柑橘电子交易由买卖双方在电子订单交易系统里分别发出买入和卖出报价。然后市场按价格优先、时间优先的原则撮合成交，确定双方间的成交价格并生成电子交易合同。商家只要在交易系统注册后，就可在网上实现柑橘订购、现货交易、期货交易、拍卖和招标，也可将订单再度转让，如股票、期货交易一样从中赚取一定的差价。

8. 开拓两大市场，搞活产品流通

立足国内市场，开拓国际市场，搞活产品流通，确保农民增收，是发展水果（柑橘）业的根本出发点。坚持在抓生产、抓资源的优化配置的同时，要更加重视流通销售、市场开拓，搞好市场对接。一是要研究国内市场需求动态，建立果品（柑橘）供求信息网络，根据市场需求组织生产，有效地开拓市场。二是大力发展订单农业，积极鼓励建立专业合作经济组织、中介组织和行业协会引导水果（柑橘）产业环节的衔接，理顺水果（柑橘）产业运营机制。三是加大促销和宣传力度，鼓励企业到省外、境外参加或举办展览会，建立销售网点，增加出口品种，扩大出口规模，大力开拓日本、俄罗斯、东南亚等国际市场，积极开拓欧美及中东市场，实现果品（柑橘）出口地区的多元化。四是我国水果（柑橘）出口受以技术法规、认证制度、检验制度为主要内容的技术性贸易壁垒影响越来越大，因此研究制定水果业绿色贸易壁垒的预警机制刻不容缓。建议全国水果部门等牵头建立绿色贸易壁垒的预警系统，利用世界贸易组织、我国驻外

机构和国外进出口商等多种渠道，对贸易伙伴的环保信息、指标体系、检验程序、技术标准等进行动态跟踪，及时向政府、有关部门、企业发出预警信息，以利国外市场的稳定和开拓。五是下功夫优化销售环境，开通果品（柑橘）运销“绿色通道”，为客商提供及时有效的服务，加强市场管理，切实保护好外地客商的利益。

9. 组建高素质的强大营销队伍

销售经验表明，畅销的柑橘产区必有一支高素质的强大营销队伍，不论是福建平和的琯溪蜜柚销售，还是湖南石门的柑橘销售，概莫例外。有知识、有积极性、经培训提高的广大农民有组织地参与营销将会有力推动市场服务的发展。

10. 依法规范市场管理

加强柑橘市场的立法与监督，尽快完善相关法规，健全交易规则，严格市场准入，规范市场行为。市场准入制度是保障柑橘果品安全生产和消费的有效措施。这既是发达国家的通行做法，也是国内果品（柑橘）管理的必然趋势。严格市场准入，不仅可以有效阻止有毒、有害产品进入城乡家庭，而且可以促进安全优质和无公害、绿色果品（柑橘）的发展，促进果农增收。

第三节　我国柑橘产业经营

一、我国柑橘产业的经营模式

目前，我国柑橘产业的经营模式主要有农户分散经营、大户（小业主）经营、合作经济组织经营、园艺（柑橘）场经营和龙头企业经营等。

1. 农户分散经营

目前，我国柑橘种植，多数仍是分户承包经营管理，弊端十

分突出：一是不利于生产品质一致的优质柑橘。品质和品牌是当今柑橘果品的竞争的两大要素，品质是基础。没有稳定的品质，消费者心中形不成印象，品牌就难以打响。二是不利于生产成本降低。零星分散，管理不方便，费时费工，导致成本增加，进而影响市场竞争力。三是不利于技术措施到位。一片柑橘园多户承包，我管你不管，影响技术措施的效果。尤其是柑橘的病虫害防治，影响防治效果，甚至无效。四是不利于改善柑橘果园的基础设施和生产条件。我国现有柑橘不少水利和道路等基础设施较差，需要通过改造来提高果园的生产力，但各家各户的经营管理难以共同投资改造，更谈不上购买先进适用的机械，实施翻耕、挖（扩）穴和打药，使之“靠天吃饭”的现状难以改变。五是不利于果农增加投入管理，柑橘是一种产出严重依赖投入的经济树种，高投入会有高产出。当前，不少柑橘产区，青壮劳力外出务工，诸如施有机肥、灌溉等强体力劳动，老弱者会因体力不胜而无法实施，投入少，产出也必然少。六是不利于柑橘产业增效，果农增收。果园设施和生产条件差，管理不方便增加成本，投入和技术不到位，影响优质、丰产，再加上市场信息不灵，柑橘不易卖好价钱而收入下降。

2. 大户（小业主）经营

随柑橘产业发展和青壮年农民进城务工，一部分分散种植柑橘的农户无力自行管理将其流转到善于种植的大户，或来自城镇的小业主管理。此种管理方式与农户分散管理比较，相对较好，但是资金、规模、技术和市场等因素，仍摆脱不了小生产经营的格局，难以抗拒自然灾害和市场风险，难以在激烈的市场竞争中把握胜券。在经营过程中，有的大户（业主）因资金不能保证，半途弃业的也屡有发生。

3. 合作经济组织经营

柑橘专业合作社、果农协会等经济组织是在农村家庭承包经

营的基础上柑橘生产经营者、生产经营服务者自愿联合、民主管理的互助性经济组织。专业合作社以其社员为主要服务对象，可提供柑橘生产资料的购买，柑橘果品的销售、贮藏、加工、运输以及生产经营中有关的技术、信息服务。

柑橘专业合作社启动以来，在柑橘区发展极不平衡，一般柑橘产业优势区、柑橘生产集中的产区、经济发达的地区较柑橘非优势区、生产不集中的产区和经济不发达地区起步早、作用大、果农获得好的效益。少数柑橘专业合作社，由于启动、运行无资金或服务果农的宗旨不明确，合作流于形式或转向赚钱谋私利，果农得不到实惠发生矛盾的也不少。

4. 园艺（柑橘）场经营

园艺（柑橘）场是系原国营或集体的园艺（柑橘）场，目前基本上是分树到户进行生产管理。果品以户自销或场统一销售。部分经营好的场会获得较好的利益，经营不善的与农户分散经营无异。

5. 龙头企业经营

龙头企业经营主要的模式是企业联柑橘产业基地、柑橘专业合作社、农户。有企业为主的经营，也有企业与农户、专业合作社松散联合经营。企业为主的经营：生产管理、技术措施、果品销售等均由企业实施，农户或专业合作社土地入股、果农（户）可在基地务工，年终按合同（协议）的比例分红。也有公司租赁农户土地，一租15~20年，每年付租金，果农还可在柑橘基地务工，每月付薪。

龙头企业为主经营，规模相对较大，由于统一管理生产，实施技术措施和销售果品，柑橘的产量和质量较有保证，果品销售的渠道相对较宽，较分散农户经营、大户经营等有规模优势、技术优势、市场优势和较强的抗风险能力。但龙头企业为主的经营必须切实解决好企业与果农的利益关系。企业在经营的过程中，随产业的发展让利于果农，以调动果农的生产积极性，增强主人翁的责任感，与企业一起共同经营好柑橘基地，使产业不断壮大，达到双赢多赢，富民、强县、兴企业。

二、我国柑橘产业化经营管理的提升策略

针对我国柑橘产业化经营现状和国内外可借鉴的经验。大力支持柑橘产业化经营模式变革，积极引导橘农组建专业合作社，产前、产中、产后一齐抓，提升柑橘产业经营水平，推进柑橘产业可持续发展。

1. 大力推进柑橘产业经营模式变革

我国柑橘已是一个大产业，但算不上强产业。推进柑橘产业由大转强，必须大力推进柑橘产业化经营模式的变革，以适应国内外激烈竞争的柑橘市场。

首先，要继续加大力度对柑橘产业发展，尤其是柑橘优势带持续发展的支持。政府要从出台优惠政策、法规制定，到标准化推行、质量监督监测、信息导向、区域品牌打造、龙头企业培育上发挥强有力的作用。特别是扶持龙头企业，以工业化的理念，通过龙头企业把分散的果农以企业+基地+农户或企业+专业合作社+农户的形式组织起来，共同经营柑橘产业。

三峡库区划为我国重要的柑橘优势带，20 世纪末至今，政府吸引和培植龙头企业投身柑橘产业发展。从政府下达发展计划，给予建园资金上的支持，企业承建相对集中连片的柑橘基地，果农投劳折资，参与基地建设和建后管理。从建园到产品收购的整个过程，实行统一规划、统一品种、统一种植标准、统一管理技术、统一果品收购的“五统一”，企业和政府一起发动果农参加柑橘专业合作社，企业和专业合作社签订果品收购合同，消除果农卖果难的后顾之忧，积极投入种后管理，推动产业发展，以龙头企业带动农户组织起来当前不失是一种好的经营

模式。

2. 提高农民组织化程度，发展做大柑橘专业合作社

办好农民专业合作社是农社会主义新农村建设的重要一环。在柑橘产区，政府部门应从产业政策的高度出发，创新柑橘产业化经营组织的体制。制定优惠政策，按照“完善组织、创新机制、自主管理、共同受益”的目标，坚持“民办、民管、民受益”的原则，支持果农组建自己的果农协会、专业合作社等合作经济组织。鼓励国内外资金进入果业组织，加大对柑橘业规模经营的支持力度。以行业协同取代无序竞争，促进家庭经营的小规模果业生产有机地融入农业社会化协作大产业体系中，解决小生产与大市场间的矛盾。增强柑橘果业抗风险的能力，提高果农经济收益。

柑橘专业合作组织是在农村家庭承包经营的基础上，由柑橘生产经营者和柑橘生产经营服务提供者实行自愿联合、民主管理的互助性经济组织。合作组织以其社员为主要服务对象，可以提供农业生产资料的购买，农产品的销售、加工、运输、贮藏以及与农业生产经营有关的技术、信息服务。

柑橘专业合作社的建立，可以有效地解决当前我国柑橘生产千家万户小规模经营与千变万化的大市场之间的矛盾，可以提高广大果农在市场上的谈判能力，对于维护果农的合理利益有重要的意义。

专业合作社建立后，要不断壮大，在生产合作的基础上发展资金合作，建设一条龙果品经营服务体系。

3. 扶持壮大龙头企业

龙头企业是推进柑橘产业发展的主导力量，肩负着带动农户和促进生产的重任。通常先进的龙头企业孕育着健康的农业产业。龙头企业在开拓市场，引导生产，拉长产业链，增加农民收入等方面起着极其重要的作用。

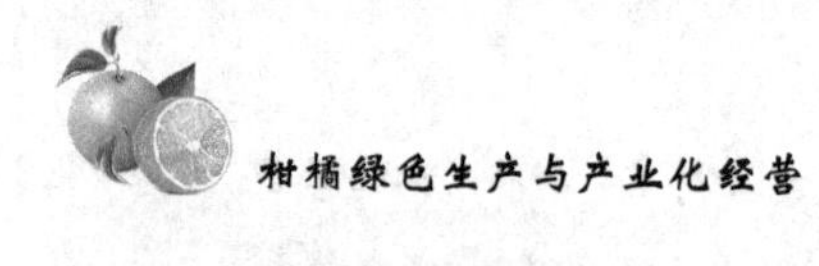

随着商品经济的发展，“小生产”与“大市场”的矛盾已阻碍柑橘产业的发展和升级。面对千家万户闯市场的新形势，分散的果农是弱势群体，在市场中基本无话语权，品质好坏、价格高低完全由经销商和企业说了算。可见果农单打独斗闯市场难以成功，必须由龙头企业带领果农闯市场，发挥龙头企业上连市场、下连果农，既能解决生产什么、生产多少的问题，又能解决农产品的卖难问题。

重庆和三峡库区在柑橘产业发展中，引入北京汇源集团、三峡建设果业集团、美国博富文公司、澳门恒河公司等国内外龙头企业，既参与柑橘基地建设、技术指导，又与果农从建园开始就签订果品购销合同，解决果农“卖果难”的后顾之忧，调动了果农发展柑橘产业的积极性。

龙头企业的带动，需要不断地创新和提高。应制定、出台相关政策，引导和推动产业化经营组织中果农、中介组织、龙头企业横向和纵向的联合，形成多种产业化经营组织模式的创新。通过对龙头企业等的扶持，增强其带动和提高果农进行果品标准化、专业化、规模化生产的能力。果农借助龙头企业等的资金、信息和营销网络等进行生产结构的调整，以标准化生产提高果品的品质，创出品牌，增强果品在市场的竞争力。

龙头企业做大做强，带动果农致富，促进产业和地方经济发展，还要打破行业和系统界限，进行多方面的合作，增强在国内外市场的竞争力。政府在政策上、资金上给予扶持，同时注重绿色特色产品和产品的综合开发，以实现柑橘资源的高效利用。

4. 建立标准化生产体系

我国的标准化建设还处在起步阶段，与发达国家相比，差距较大。因此，应尽快制定和颁布有关农业标准化管理相对应的法律，并依此建立健全果品的质量标准体系、质量检验体系和质量认证体系，确保其与国际标准相配套，且达到或超过国际标准。

按照果品质量标准化体系制定出一套包括果品（柑橘）产前、产中、产后各环节的标准化生产规范。将标准化始终贯穿于果品生产、加工、贮藏、运输的全过程，以提高果品（柑橘）产业化经营的整体水平。

建立柑橘的标准化生产体系，要抓好4个方面的管理。一是加强技术管理。大力推广普及柑橘先进栽培技术，针对当前柑橘栽培突出的问题，抓好改密植为适宜密度种植，改普通露地苗为脱毒容器苗，改低位定干为高位定干，改精细修剪为大枝简易修剪，改施用化肥为主为有机肥、有机专用肥为主，改激素保花保果为营养微量元素，改化学防治病虫害为主为生物综合防治病虫害，全面改变落后的栽培管理。按照“主推一批、示范一批、攻关一批”的办法有计划积极推进。二是强化苗木管理，尽快形成“统一管理、统一标准、统一价格、统一供苗、专业经营”的良种繁育和供应体系。三是规范生产管理。制定合理的产量指标，以保证树体健壮，优质丰产。四是严格质量管理，建立全过程质量控制体系。大力推行良好生产操作（GMP）、危害分析及关键控制点（HACCP）和ISO 9000等质量管理与控制体系框架；加强例行监测，强化市场监管，建设安全流通渠道，推进果品生产源头洁净化、生产经营标准化、质量安全监管制度化、市场营销现代化和规模经营品牌化，全面提升柑橘质量安全水平。

5. 利用工业理念推进柑橘产业化

一是用工业概念推进柑橘产业化。以提升竞争力为重点，培植龙头企业，引导优势企业向柑橘优势区集聚，创立一批国内外知名品牌；以提高带动为核心，大力发展多种形式的果业协会或专业合作组织，使更多的果农进入市场，提高组织化程度和社会化服务水平；以创新体制为动力，逐步完善利益联结机制、风险保障机制、监督约束机制、行业协调机制的经验与模式；以发展柑橘精加工为突破口，培植加工示范企业。二是延伸产业链，发

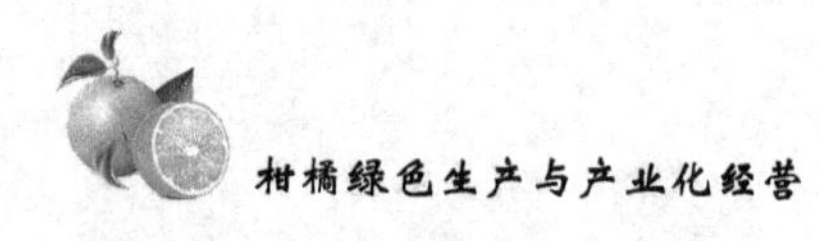

展关联产业。积极发展柑橘采后处理。三是按照“统一品牌、商标各异、注明产地、政府引导、统一管理”的要求，精心打造柑橘品牌，切实维护品牌声誉。

6. 以销促产做大市场

柑橘生产的目的是销售，实现柑橘优质优价，关键在于市场开拓。做大市场应坚持多主体、多渠道、多形式，大力开拓中、高端市场，畅通优质果品营销渠道，实现“小生产”与“大市场”的有机结合。各级供销社要加强新型农村经营服务体系建设，为畅通果品等农产品流通渠道提供全方位、一条龙服务，充分发挥供销社、专业合作社、龙头企业、营销大户和农村经纪人的作用，大力发展柑橘等果品的冷链物流、连锁配送、直供直销、电子商务、期货交易、会展经济等新型流通业态和现代交易方式，推进基地与超市对接，果园基地与“果盘”对接。柑橘优势基地要建立或创造条件建立柑橘（果品）交易中心，搞好现有批发市场的升级改造，形成一批广覆盖、强辐射的大市场。实施果品“走出去”战略，在扩大国内市场的同时积极开拓国外市场。

7. 在推进产业化进程中促进果农增产增收

果农是柑橘产业化的主体，同时也是弱势群体。在推进柑橘产业化的进程中，须不断促进果农增产增收。借鉴目前国内实施产业化的成功经验，必须抓好以下几点：一是提高果农对产业化的认识，组织联合起来参与大生产、大流通、大市场的大竞争。二是加强生产、营销和法规的专业技术培训，增强技能，提高综合素质，以适应发展产业化的需要。三是政府要大力支持果农走产业化经营之路，对出现的自然灾害风险、市场风险和人为的事件风险，积极做好保险、补贴和防范，使果农灾年有保障，丰年能增收。四是专业合作社的建立、壮大，其目的是为果农增收服务，办有益于果农致富的产业，做有利于果农致富的事。五是促

进果农、大户、专业合作社与龙头企业联合发展产业，做大市场。龙头企业在发展产业、企业的同时，时刻不忘果农的增收，让利于民。龙头企业的壮大离不开果农的支持，果农在产业化进程中致富，龙头企业才能真正壮大，效益倍增。

8. 建立健全柑橘产业良性发展的长效机制

一是建立健全柑橘产业持续健康发展的激励政策。在柑橘良种繁育、基地建设、科研教育、技术推广、病虫防治、质量标准、市场促销、检验检疫等基础性、公益性项目加大财政支持力度，逐步建立稳定的柑橘产业投入机制。二是加强柑橘产业风险防范，建立健全柑橘果品生产保险制度，以降低不可预见的自然灾害和市场变化对柑橘生产者造成的损失。

第九章　柑橘绿色生产与产业化经营典型案例

第一节　衢州市柯城区仙铭家庭农场
——现代柑橘绿色种植的践行者

一、基地情况

衢州市柯城区仙铭家庭农场成立于2013年9月，注册资金50万元。农场现代柑橘种植基地位于柯城区沟溪乡斗目垄村，这里远离城市喧嚣与环境污染，空气清新、水源洁净，生态条件优越。橘园属于天然丘陵地貌，光照充足，排灌方便。基地橘园面积250余亩，主要栽培鸡尾葡萄柚、柠檬、春香、爱媛、椪柑等（图9-1）。

图9-1　仙铭农场

二、主要做法与经验

1. 重施有机肥，改良橘园土壤性状

基地橘园地处山地丘陵区，土壤类型为红壤，种植初期 pH 值在 4~5，酸性重，有机质含量仅 0.3%，土壤板结，保水保肥能力差。2015 年以来，基地橘园每年均大量施用商品有机肥、砻糠、菜籽饼，有机肥不仅是肥料源，能够为柑橘生长提供养分，也是土壤改良的重要物质（图 9-2）。至 2018 年年底检测，橘园土壤的有机质含量已经提高到 2.1%。土壤逐渐变得疏松，水肥保持能力得到了提高，促进了柑橘根系深扎，树体生长变得健壮，柑橘叶片厚实，果实光泽度好，树体对黑点病、红蜘蛛、疮痂病等病虫害的抵抗力增强了。

图 9-2　施用有机肥

2. 生草割草管理

橘园树体之间留有充足的空间，地面光照充足，橘园杂草生长较为茂盛，除深根性及攀缘性的不良草种需要及时挖除外，其他杂草任其自然生长。橘园每年割草 2~3 次，避免了化学除草

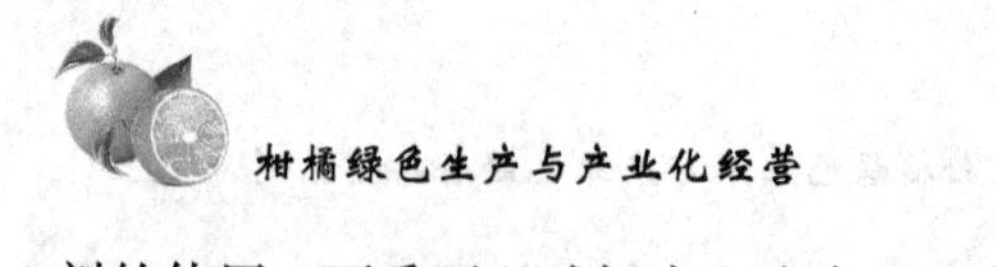

剂的使用，雨季可以减轻水土流失，还有利于建立稳定的橘园生态环境。生草割草也是提高土壤有机质的有效措施。

3. 绿色防控技术

（1）安装杀虫灯。基地共安装 32 盏太阳能杀虫、照明一体灯。在 3—11 月的柑橘生长季中，杀虫灯的开灯时间设置为天黑后至 24 时；12 月至翌年 2 月是柑橘休眠期，杀虫灯设置成关闭状态。杀虫灯利用特定的光波引诱害虫，触发高压电网而死亡。据调查杀虫灯可以有效诱杀吸果夜蛾、油桐尺蠖、蚱蝉、金龟子等橘园害虫。杀虫灯的运用，既控制了这些害虫在橘园里的危害，又减少了化学药剂的使用。

（2）悬挂黄色粘虫板。黄板杀虫，3—4 月主要诱杀蚜虫、卷叶蛾，5—8 月诱杀黑刺粉虱、柑橘粉虱。所以基地里的蚜虫、卷叶蛾、黑刺粉虱、柑橘粉虱也不需要化学防治。

（3）性息素、糖醋诱杀。潜叶蛾性息素诱捕器于 7 月柑橘潜叶蛾为害初期开始悬挂，诱捕器上的诱芯释放出信息素，引诱羽化的成虫过来聚集，从而被粘杀，诱捕器对潜叶蛾成虫的诱杀效果比较好。在果实成熟期，果园悬挂自制的糖醋诱剂，诱杀果蝇、吸果夜蛾。

（4）防虫网物理隔断。柑橘木虱是黄龙病的传播媒介。在柑橘育苗基地上搭建防虫网可以有效阻拦柑橘木虱、蚜虫、凤蝶的发生危害。

（5）化学防治精准有效。橘园有专人负责观察病虫害发生动态，贯彻执行科学的病虫害防治理念，充分运用修剪、施肥等管理措施减少病虫害的发生。每次化学防治均做到有预谋，并做好防效检查，优先选用矿物油、松脂酸钠等矿物源或生物源药剂防治螨类及蚧类害虫。

三、未来展望

橘园化学农药减少了，柑橘果品质量安全有了保障，橘园生态环境得到改善，草蛉、捕食螨、瓢虫、粉虱座壳孢菌等天敌种类数量上升。良好的果品质量提高了产品竞争力，农场里的葡萄柚、春香果实销售均供不应求。

第二节　衢州市柯城区宇发家庭农场

——精准现代农业定位，打造椪柑品牌效应

一、基本情况

衢州市柯城宇发家庭农场成立于 2013 年，是一家专门从事精品柑橘种植销售的企业，注册资本金 50 万元。目前，农场拥有精品柑橘种植面积 135 亩，位于柯城区华墅乡园林村。基地主栽品种为椪柑，其中穿插春香面积 10 亩，大分特早熟蜜橘 5 亩，鸡尾葡萄柚 4 亩，大部分为大棚种植，部分为露天。农场现有专业技术管理人员 3 人，常年雇工 2 人，季节性工人 100 多人（图 9-3）。

图 9-3　宇发农场基地鸟瞰图

宇发农场设计注册了商标“秦麻子”，先后申请了无公害农产品认证、绿色食品认证。荣获衢州市特色柑橘精品园、衢州市示范性家庭农场等荣誉。基地产品多次斩获“年度精品柑橘质量评比大棚椪柑类”前三名（图 9–4）。

图 9–4　农场荣获衢州市特色柑橘精品园荣誉

二、主要做法与经验

1. 规范生产标准，提升农场柑橘含金量

农场在精品园建设中，特别注重科技力量投入，前后邀请了省农科院、市柑橘研究所、柯城区农业局等专家，全面指导果园的建设。2017 年，农场的精品柑橘申报并通过了农业部无公害农产品认证，2018 年，“秦麻子”椪柑申请了农业部绿色食品发展中心的绿色食品认证，产地环境和产品质量均通过了专业机构抽检，认证审批中。同时，在柑橘生产中引入出口柑橘果园检疫管理规范（SN/T 2634—2010），规范化、标准化生产，对小小的椪柑注入品牌内涵，在现在全民追求健康饮食的环境下，提升柑橘产品含金量。

2. 以科技带生产，以技术促生产

严格规范投入品使用，围绕规模化种植、标准化生产、商品化处理、品牌化销售、产业化经营的“五化”标准要求，在园区硬件设施和软件设施建设上逐条落实和完善，推进果园生产质

量提升。

一是在生产关键环节，加强学习，首先是农场负责人、技术人员“走出去、请进来”，参加了“黄岩蜜橘技术培训”“柯城区柑橘产业转型发展升级培训”等，其次邀请市农科院、柑橘研究所以及浙江农林大学教授等专家莅临现场指导，再有市农委专家和区农业局技术人员多次深入到精橘园，多次举办现场观摩和开展技术培训，让农场人员准确把握标准化生产技术，合理使用肥料、农药。基地全部实现统一品种、统一购药、统一生产标准、统一检测、统一标识、统一销售六个统一，按年度生产计划与销售计划规划园区，进行划块分批分期生产和采收上市。

二是多举措完善现代化农业精品果园建设，利用新技术建设高效优质果园。基础设施上进行园区道路硬化，种植环境上搭建标准化柑橘钢架大棚，种植过程引入橘园生草、色板等绿色防控技术，灌溉设施上引入喷滴灌系统，肥料使用上进行有机肥代理化肥，科技上引入物联网智能管控系统，包装上设计制作农场专用柑橘包装箱（图 9-5）。

图 9-5　宇发家庭农场大棚优质椪柑

3. 自检、送检、抽检，层层把关，控制产品质量安全

产品质量安全是企业的第一生产力，农场在生产过中始终将产品安全、健康作为头等大事来抓，严格控制生产过程安全，加大源头治理力度。

一是建立健全农业投入品登记管理制度，不同物资单独库房存放，实行专人负责制，建立进出库档案。

二是建立生产档案，详细记载使用农业投入品名称、来源、用法、用量、产品收获等内容，确保产品质量全程可追溯。同时，在园区内全部使用杀虫灯、黄板等无害化防治手段。

三是确立采收标准、实行了分级采收、分等分级包装、全程单独车辆运输。

四是加强产品检测，新建了农产品质量安全检测室，购买了电脑、检测仪器、二维码标签打印机等，引入农产品质量安全可追溯体系和农产品质量合格证。

五是建立产品准出制度，产品采收前进行柑橘抽样检测，合格方可出厂。在园内检测的基础上，按时送样请市有关部门检测，自检、送检和抽检检测项目全部达标，方可上市销售；同时，每年接受省区市各级部门的监督抽检，均符合要求（图 9-6）。

三、未来展望

市场决定资源配置，鲜柑橘的销售一直都是农场面临的最主要问题，农场计划在未来两年，借用“互联网+”“5G”、自媒体等多种手段多种模式运行，如建立淘宝、天猫、京东等线上店铺，利用“抖音”“火山小视频”等 APP 进行宣传，建立微信小程序等扩大线上影响力；让更多的人知道衢州椪柑，知道“秦麻子”椪柑。

同时，进一步提升品牌活力，计划加入“丽水山耕”农产

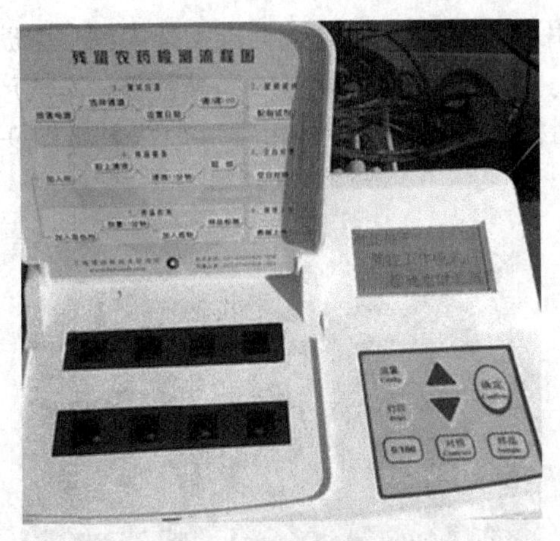

图 9-6　农残检测设备

品区域公用品牌，以“1+N”的全产业链一体化公共服务支撑体系，借用“丽水山耕+县域品牌（产业品牌）+企业品牌”的母子品牌矩阵，以“母鸡带小鸡”的方式，实现子品牌产品溢价，走活、扩大衢州椪柑有效供给之路。

第三节　衢州市柯城区卸龙家庭农场

——以“智慧农业”推动现代农业发展

一、基本情况

衢州市柯城区卸龙家庭农场成立于 2013 年 8 月，注册资金 100 万元，位于柯城区万田乡余家山头村，主要用于精品柑橘种植。现有种植基地 80 余亩，种植了各类柑橘幼苗，主栽品种为椪柑，约 2 500 株，种植面积 55 亩；其余部分种植了爱媛、鸡

尾葡萄柚和红美人等优新柑橘品种。

农场利用现代化设施，建设标准钢架大棚。荣获衢州市特色柑橘精品园、衢州市示范性家庭农场等荣誉。基地产品多次斩获“年度精品柑橘质量评比大棚椪柑类”前三名（图 9-7）。

图 9-7　卸龙家庭农场

二、主要做法与经验

1. 橘园规划现代化，打破柑橘传统种植模式

柑橘历来都是衢州农业的主导产业之一，常年种植面积超 10 万亩，传统的种植模式是靠天吃饭，投入不小，产出却很低。农场在规划初期的定位就是精品设施栽培，用现代化农业技术手段“武装”衢州椪柑，紧紧围绕“质量+”产业发展模式，标准化发展柑橘种植，进一步拓宽增收渠道。现代化种植主要就是要配套大棚、道路、蓄水池、排水沟、喷滴灌系统等相关设施，实行机械化耕作。2017—2018 年，农场先后新建标准连栋钢架大棚、硬化基地主干道、新建排水渠道，大棚内均铺设轻型环保操作道；防止干旱，农场新建了 530 米^3 的大型蓄水池，依托大棚新建小型蓄水池 7 个，新建微喷设施 1 套，其中大棚滴灌全覆

盖，露天采用喷灌（图 9-8）；同时，新装了电力设施一套，购买了微耕机、割草机、治虫机等现代化农业设备。

图 9-8　喷滴灌系统

现在走进橘园，告别了传统的杂草丛生、农药瓶塑料袋随处乱扔的脏乱差，随之而来的是标准化精品柑橘基地，干净的道路、高高的大棚、现代化农用机械等，处处给人一种不一样的感觉，应了门头上那句话“春来橘花香满园，秋来柑果甜万家”。

2. 橘树种植科技化，告别传统药物防治模式

在柑橘种植过程中，遵照《NY/T 5015—2002　无公害食品 柑桔生产技术规程》标准生产，引进柑橘新品种，大力推广绿色防控、水肥一体化技术，实现高产、优质、安全生产，提高精品柑橘种植效益。

一是引进新品种。农场目前种植了椪柑、红美人和鸡尾葡萄柚、爱媛等优新品种，早熟、中熟、晚熟品种结合。

二是推广应用测土配方施肥、有机肥代替化肥、绿肥等技术，大量使用商品有机肥、羊粪等，严格控制化肥种类、用量和施用时期，使精品园土壤生态环境不断得到改善，减少传统生产中硝酸盐及其他有害物质的积累，有利于柑橘产量品质的提高。

三是大力推广病虫害物理防治、机械防治、农业防治和生物防治，禁用剧毒、高残留农药，同时全面贯彻“预防为主，综合防治”的方针。2018 年，橘园安装高清监控系统 1 套、太阳能杀虫灯 20 盏（图 9–9），逐步实现“可视农业”“绿色农业”。通过监控取代人工巡园，随时随地可以全方位查看基地情况；通

图 9–9 太阳能杀虫灯

过太阳能杀虫灯减少农药用量，减轻柑橘农残含量，更大程度的提高农产品质量安全；根据柑橘发病时间种类辅以使用诱虫器、黄板等效果良好。多举措的实施既提高了柑橘质量，又减少了购买农药的投入。

四是成立柑橘农药残留检测室，配备速检设备、二维码打印机、糖度检测仪等，建立上市前检测制度，实现了上市柑橘采摘前全批次自检。

三、未来展望

价值决定价格，鲜柑橘的销售在大多数人看来都是急需应对主要问题，而在我们看来，只要产品足够好、客户自动上门找。农场的定位是“小而优”，不追求产量，严格控制品质。“酒香不怕巷子深”，计划在未来两年，借用“农业物联网”“5G”等多种手段，将橘园打造成“智慧农场”典范，利用多种模式运行，特别是在大棚控制系统中，运用物联网系统的温度传感器、湿度传感器、pH 值传感器、光照度传感器等设备，检测环境中的温度、相对湿度、pH 值、光照强度、土壤养分等物理量参数，保证柑橘有一个良好的、适宜的生长环境。通过建立远程控制端，实现在办公室就能对多个大棚的环境进行监测控制。采用无线网络来测量获得作物生长的最佳条件。

通过精准农业、精品农业、绿色农业、健康农业的发展模式，促进柑橘供给侧改革，推动乡村振兴。

第四节　农法自然（浙江）农业科技有限公司
——智慧农业先行者

一、基本情况

农法自然（浙江）农业科技有限公司立于2016年12月，注册资金3 000万元，是一家集柑橘生产、研发、加工、销售为一体的农业龙头企业。位于衢州市柯城区石梁镇下村、黄茶村、石梁村等村，总规模为1 250亩，总投资1.8亿元。农法自然公司是一个“生态农业+现代科技+现代金融”的新型农业经济综合体，总部在上海，目前在山东济南、烟台、福建安溪、新疆阿克苏、新疆伊犁、辽宁大连和浙江衢州等全国各大地理标志性水果核心主产区拥有7家分公司。目前已建成600余亩柑橘数字农场，成为柯城智慧农业的先行者（图9-10）。

图9-10　农法自然柯城柑橘生态园鸟瞰图

二、主要做法与经验

1. 打造数字农场

农法自然数字农场建成包含滴灌系统、气象观察点、电子显示屏、土壤传感器等的“精准农业物联网数据采集系统”，精确记录生产中各项参数，建立数据库，让生产管理者随时掌握全面情况，搭配水肥智能一体化，科学合理地对每一棵果树灌溉施肥，保证果树不同生长阶段的需求养分和最大化的吸收利用。建立365天、360°摄像物联网系统，从种植到采摘——365天全程360°摄像头监控，能零距离体验水果生长周期的每一个过程。实现掌上农场管理模式，可以在手机上看到农场实时数据并可实现相应操作。

2. 发展生态农业

利用微生物技术改良土壤，让土壤自然肥沃，通过传感器等先进农业技术，实时采集、分析土壤环境，及时、定点、定量向果树提供高效有机肥，采用起高垄、拉网架、控树势、控产量、控水害等新种植理念和技术，开展了柑橘主干型，“Y”形树形、有机肥替代化肥、采后果实生物保鲜等多项科研试验示范。2018年基地释放潜叶蛾诱捕器1 000只，移栽10个月的橘树，长势良好，实现不施化肥、不施化学农药的目标，满足消费者对安全食品的需求。

3. 创新营销模式

利用游戏、闪店网联等强大优势，建设线上线下通道，以预售、认养、大客户直销等多项措施，用绿色、环保激发共鸣，打造中高端消费主力军。为客户定制专属认养橘树，认领者可以通过APP在手机上了解自己果树的生长情况，通过这种将消费者纳入柑橘生产链的全透明销售模式，已经完成预售200余万元。

三、未来展望

一是建设完善产业链体系，在产品开发、品种优化选育、栽培技术研发、后继人才培养、销售渠道上强化自身建设；二是带动农户分享红利，在基地成功的基础上，吸引周边有思想有实力的农户不断加盟，输出管理技术、优质品种、高效微生物有机肥，并保价收购产品，统一品牌运营销售，带动更多农户致富。

第五节　浙江韵泽盈农业科技发展有限公司

——农业科技创新，技术落地

一、基本情况

浙江韵泽盈农业科技发展有限公司位于柯城区石梁镇，于2018年7月成立，注册资金2 000万元。是一家集研发、种植、仓储、加工和贸易为一体的农业龙头企业。公司规划面积5 000亩，其中4 500亩用于种植，500亩用于各种配套设施，如专家科研楼、仓储场地、粗深加工厂、休闲娱乐设施以及康养场所等。

二、主要做法与经验

1. 依托“邓秀新”院士工作站

“邓秀新”院士工作站为公司柑橘改良品种提供支持，为公司良种良发示范提供技术支持，协助公司进行新品种良种苗木繁育基地建设和引进农业科技人才，指导公司柑橘实验室建设工作。公司依托院士工作站做后盾，开展种苗研发和品种改良，目前已建成1 000亩阿里巴巴 · 柯城鸡尾葡萄柚数字农场，100亩种质资源圃，200亩大果无核椪柑，200亩无病毒良繁育种中心。

2. 建立省柑橘种质资源圃

公司于2018年7月与中国柑橘研究所合作成立省柑橘种质资源圃，种植面积100亩，引进种植600个以上柑橘品种，目前已经完成250个品种的收集、种植。在柑橘种质资源圃的规划建设上，严格科学按照柑橘分类的柑橘属（大翼橙类、宜昌橙类、枸橼柠檬类、柚类、橙类、宽皮橘类）、金柑属和枳属等进行分区栽培。有针对性地对国内外柑橘种质资源，特别是浙江省传统柑橘良种资源进行收集，为衢州柑橘品种改良与选种提供种质材料。同时，积极引进国内外科研院所最新科研成果，建立柑橘种质收集、保存、鉴定和评价利用体系，加速优良新品种的培育和推广应用。

3. 建立无病毒良繁育种中心

公司与华中农业大学、浙江大学和西南大学合作，培育、种植无病毒健康苗木，让种柑橘的农民从根源上免受病虫害的困扰，实现增产增收。目前已经建成200亩的基地并投入使用，项目建成预计年供优质接穗50万枝、优质柑橘新品种良种壮苗50万株，发挥新品种的市场引领作用。基地已育成红美人、由良、明日见、甘平、沃柑等优质柑橘品种苗木12万株，对项目区李家村、塔山底村、下流塘村、流塘村及周边农户免费提供柑橘新品种苗木5万株，对农户提供技术指导并进行保护价收购，推进衢州柑橘产业转型发展，带动周边农民共同致富。

4. 建立大果无核椪柑基地

衢州椪柑是中国国家地理标志产品，也是衢州柑橘出口的主打产品。老品种有核，果型不大，消费者兴趣越来越不高。公司为了提高衢州传统果品的市场竞争力，进行品种更新换代，引进华中农业大学的新研发品种——大果无核椪柑，目前已种植200亩。

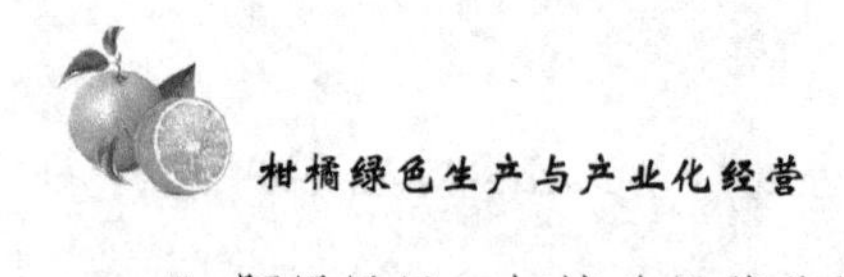

5. 阿里巴巴·柯城鸡尾葡萄柚数字农场建设

2019年，公司与阿里巴巴谈成战略合作，种植1 000亩柯城鸡尾葡萄柚，产品供应阿里巴巴旗下的“淘乡甜”平台。平台提供销售渠道和销售支持，让产品快速走入市场，建立品牌形象。数字农场设小区生产网格，网格长度为200~300米，宽度为100~120米，按“宽行窄株”的方式种植。充分发挥园区的核心带动作用，建立柑橘创新技术推广中心，通过现场示范、观摩、交流、学习等形式，辐射带动周边农户，提高农户运用先进实用柑橘栽培技术的能力。

6. 采取“公司+农户”运营模式

公司与分散的农户签订合同，公司为农户提供生产原料、技术服务和成品回购保证。农户服从公司统一管理，按技术标准和要求投入生产劳动，实现双赢。一是实行生产管理承包责任制。农户不用出一分钱即可承包集中区块内的柑橘树。二是公司负责统一投入和技术培训。公司根据绿色农业要求，统一投入现代化农业设施、土地、水肥等，同时提供技术培训，保证农民只要肯出力，按公司要求行动就有收入。三是建立农户工资薪酬保障机制。当果树不能产果时，公司按承包的土地面积和种植的达标情况给予每个承包户4.5万~5万元的薪酬，保障农民基本生活；当果树可以挂果以后，按果子的等级回购果子，承包户不用担心销售问题。盛果期农户收入可以达到10万元以上。

三、展望未来

通过公司科研基地载体引进农业科技人才，不断培育出新品种和进行品种改良，让衢州柑橘从源头上跑在前面。通过“公司+农户”合作模式，培养出第一批农业技术骨干，并以这些骨干为中心对外扩大技术传播。通过技术和良种推广，推动柑橘产业转型升级，促进一二三产业融合发展，实现共同致富。

参考文献

郭瑞祥 . 1996. 柑橘栽培与经营管理［M］. 昆明：云南科技出版社 .

黄明度 . 2005. 柑橘绿色生产的病虫防治技术［M］. 广州：广东科技出版社 .

蒋迎春，潘思轶 . 2016. 柑橘安全优质高效生产与加工技术［M］. 武汉：湖北科学技术出版社 .

沈兆敏，柴寿昌 . 2008. 中国柑橘现代技术［M］. 北京：金盾出版社 .

徐建国 . 2010. 柑橘优良品种及无公害栽培技术［M］. 北京：中国农业出版社 .

徐建国 . 2013. 柑橘生产配套技术手册［M］. 北京：中国农业出版社 .

中央农业广播电视学校 . 2015. 柑橘规模生产与果园经营［M］. 北京：中国农业出版社 .

钟仕田 . 2007. 无公害柑橘生产与销售实用技术［M］. 武汉：湖北科学技术出版社 .